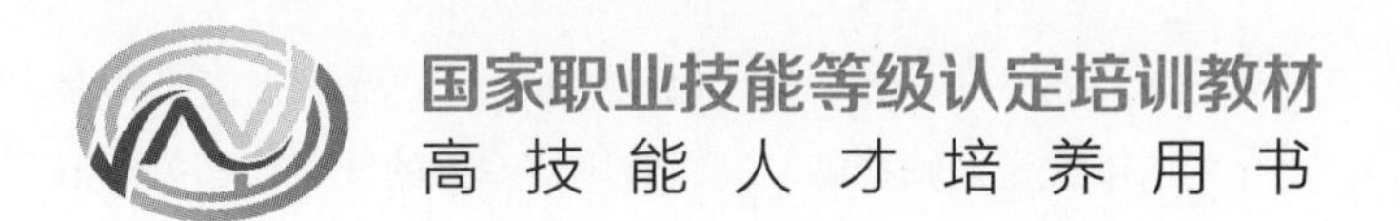

中式烹调师

（技师　高级技师）

国家职业技能等级认定培训教材编审委员会　组编

唐建华　主　编

何小龙　闵二虎　副主编

曹仲文　陈正荣　参　编

机械工业出版社
CHINA MACHINE PRESS

本书依据《国家职业技能标准 中式烹调师（2018 年版）》的要求，按照标准、教材、试题相衔接的原则编写。本书介绍了中式烹调师技师、高级技师应掌握的技能和相关知识，涉及原料鉴别与初加工、菜单设计、菜肴制作与装饰、厨房管理、培训指导、宴会主理等内容，并配有模拟试卷及答案。本书配套多媒体资源，可通过封底“天工讲堂”小程序获取。

本书理论知识与技能训练相结合，图文并茂，适用于职业技能等级认定培训、中短期职业技能培训，也可供中高职、技工院校相关专业师生参考。

图书在版编目（CIP）数据

中式烹调师：技师、高级技师 / 唐建华主编. — 北京：机械工业出版社，2022.7

国家职业技能等级认定培训教材 高技能人才培养用书

ISBN 978-7-111-71291-6

Ⅰ. ①中… Ⅱ. ①唐… Ⅲ. ①中式菜肴-烹饪-职业技能-鉴定-教材 Ⅳ. ①TS972.117

中国版本图书馆CIP数据核字（2022）第133708号

机械工业出版社（北京市百万庄大街22号 邮政编码100037）

策划编辑：卢志林 范琳娜 责任编辑：卢志林 范琳娜

责任校对：薄萌钰 李 婷 责任印制：张 博

北京汇林印务有限公司印刷

2022年9月第1版第1次印刷

184mm × 260mm · 13印张 · 271千字

标准书号：ISBN 978-7-111-71291-6

定价：49.80元

电话服务 网络服务

客服电话：010-88361066 机 工 官 网：www.cmpbook.com

010-88379833 机 工 官 博：weibo.com/cmp1952

010-68326294 金 书 网：www.golden-book.com

封底无防伪标均为盗版 机工教育服务网：www.cmpedu.com

国家职业技能等级认定培训教材

编审委员会

序

新中国成立以来，技术工人队伍建设一直得到了党和政府的高度重视。20世纪五六十年代，我们借鉴苏联经验建立了技能人才的“八级工”制，培养了一大批身怀绝技的“大师”与“大工匠”。“八级工”不仅待遇高，而且深受社会尊重，成为那个时代的骄傲，吸引与带动了一批批青年技能人才锲而不舍地钻研技术、攀登高峰。

进入新时期，高技能人才发展上升为兴企强国的国家战略。从2003年全国第一次人才工作会议，明确提出高技能人才是国家人才队伍的重要组成部分，到2010年颁布实施《国家中长期人才发展规划纲要（2010—2020年）》，加快高技能人才队伍建设与发展成为举国的意志与战略之一。

习近平总书记强调，劳动者素质对一个国家、一个民族发展至关重要。技术工人队伍是支撑中国制造、中国创造的重要基础，对推动经济高质量发展具有重要作用。党的十八大以来，党中央、国务院健全技能人才培养、使用、评价、激励制度，大力发展技工教育，大规模开展职业技能培训，加快培养大批高素质劳动者和技术技能人才，使更多社会需要的技能人才、大国工匠不断涌现，推动形成了广大劳动者学习技能、报效国家的浓厚氛围。

2019年国务院办公厅印发了《职业技能提升行动方案（2019—2021年）》，目标任务是2019年至2021年，持续开展职业技能提升行动，提高培训针对性实效性，全面提升劳动者职业技能水平和就业创业能力。三年共开展各类补贴性职业技能培训5000万人次以上，其中2019年培训1500万人次以上；经过努力，到2021年底技能劳动者占就业人员总量的比例达到25%以上，高技能人才占技能劳动者的比例达到30%以上。

目前，我国技术工人（技能劳动者）已超过2亿人，其中高技能人才超过5000万人，在全面建成小康社会、新兴战略产业不断发展的今天，建设高技能人才队伍的任务十分重要。

机械工业出版社一直致力于技能人才培训用书的出版，先后出版了一系列具有行业影响力，深受企业、读者欢迎的教材。欣闻配合新的《国家职业技能标准》又编写了“国家职业技能等级认定培训教材”。这套教材由全国各地技能培训和考评专家编写，具有权威性和代表性；将理论与技能有机结合，并紧紧围绕《国家职业技能标准》的知识要求和技能训练编写，实用性、针对性强，既有必备的理论知识和技能知识，又有考核鉴定的理论和技能题库及答案；而且这套教材根据需要为部分教材配备了二维码，扫描书中的二维码便可观看相应资源；这套教材还配合机工教育、天工讲堂开设了在线课程、在线题库，配套齐全，编排科学，便于培训和检测。

这套教材的出版非常及时，为培养技能型人才做了一件大好事，我相信这套教材一定会为我国培养更多更好的高素质技术技能型人才做出贡献!

中华全国总工会副主席

高凤林

前言

为了进一步贯彻《国务院关于大力推进职业教育改革与发展的决定》精神，推动中式烹调师职业培训和职业技能等级认定的顺利开展，规范中式烹调师的专业学习与等级认定考核要求，提高职业能力水平，针对职业技能等级认定所需掌握的相关专业技能，组织有一定经验的专家编写了“中式烹调师”系列培训教材。

本书以国家职业技能等级认定考核要点为依据，全面体现“考什么编什么”，有助于参加培训的人员熟练掌握等级认定考核要求，对考证具有直接的指导作用。在编写中根据本职业的工作特点，以能力培养为根本出发点，采用项目模块化的编写方式，以中式烹调技师、高级技师需掌握的几大项目——原料鉴别与初加工、菜单设计、菜肴制作与装饰、厨房管理、培训指导、宴会主理等来安排项目内容。引导学习者将理论知识更好地运用于实践中去，对于提高从业人员基本素质，掌握中式烹调师的核心知识与技能有直接的帮助和指导作用。

本书在近一年半的编写期间，得到了国家职业技能等级认定培训教材编审委员会、扬州大学旅游烹饪学院、广东瀚文书业有限公司、山东瀚德圣文化发展有限公司等的大力支持与协助，在此一并表示衷心的感谢！

由于编者水平有限，书中难免存在不妥之处，恳请广大读者提出宝贵意见和建议。

编　者

目录

第一部分 技 师

项目 1 原料鉴别与初加工

项目 2 菜单设计

项目 3 菜肴制作与装饰

项目 4 厨房管理

项目 5 培训指导

项目 6 宴会主理

第二部分　高级技师

项目 7 菜肴制作与装饰

项目 8 厨房管理

项目 9
培训指导

第一部分 技 师

项目1

原料鉴别与初加工

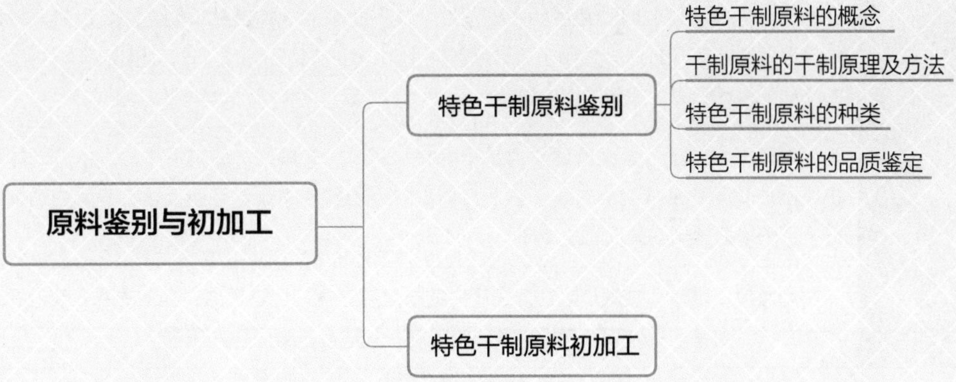

原料鉴别与初加工

- 特色干制原料鉴别
  - 特色干制原料的概念
  - 干制原料的干制原理及方法
  - 特色干制原料的种类
  - 特色干制原料的品质鉴定
- 特色干制原料初加工

1.1 特色干制原料鉴别

1.1.1 特色干制原料的概念

特色干制原料是烹饪原料的重要组成部分。所谓特色，主要是指具有显著地域特征，或是已成为区域烹饪食材“名片”且具有一定经济价值的烹饪原料的总称。由于保存、运输的不便，常将其脱水制干，从而形成了别具特色的干制品原料。常见的分类方法是按照原料性质来区分的，主要分为动物性特色干制原料和植物性特色干制原料两大类。动物性特色干制原料常见的有鲍鱼、海参、鱼肚、鱼皮、鱼骨、蹄筋、蛤士蟆油等；植物性特色干制原料主要有干香菇、粉丝等。

1.1.2 干制原料的干制原理及方法

干制原料的干制原理是根据微生物和分解酶的特征，对鲜活原料采用脱水的方法，使其原有的新鲜组织变紧、质地变硬，从而有效抑制微生物的生长繁殖，降低分解酶对原料的分解能力，基本保持烹饪原料原有的品质和特点。原料的干制方法见表1-1。

表1-1　原料的常用干制方法

晒	利用阳光辐射使原料受热后，水分蒸发，体积缩小的一种自然干制方法，也是一种最简单、最普通的干制方法。适用于各种原料的干制。在脱水干制的同时，还能在阳光中紫外线的作用下杀死细菌，起到防腐的作用
晾	又叫晾干、风干，是将鲜活原料置于阴凉、通风、干燥处，使其慢慢挥发水分，体积缩小，质地变硬的一种脱水方法。它适合体积较小的鲜活原料，且必须要在干燥的环境下进行，否则极易感染细菌而霉烂变质
烘	利用熏板、烘箱、烘房及远红外线产生的对流热空气，使鲜活原料内部的水分快速挥发的脱水方法。因其不受时间、气候、季节的限制，故适合各类原料的干制

1.1.3 特色干制原料的种类

1. 鱼肚

鱼肚常见种类如下。

（1）毛鲿肚　又称毛常肚，用毛鲿鱼的鱼鳔干制而成。呈椭圆形，马鞍状，两端略钝，体壁厚实，色浅黄略带红色，涨发率高。

（2）红毛肚　用双棘黄姑鱼的鱼鳔干制而成。呈心脏形，片状，有明显的波纹，色浅黄略带淡红色。

（3）鮸鱼肚　又称敏鱼肚、鳘肚、米肚，用鮸鱼的鱼鳔干制而成。外观呈纺锤形或亚椭圆形，末端圆而尖，凸面略有鼓状波纹，表面光滑，色淡黄或带浅红，有光泽，呈透明状。体形较大，一般长22~28厘米、宽17~20厘米、厚0.6~1厘米。主要产于浙江舟山、广东湛江和海南省。

（4）大黄鱼肚　又称小鱼肚、片胶、筒胶、长胶，用大黄鱼的鱼鳔干制而成。外观呈椭圆形，叶片状，宽度约为长度的一半，色淡黄。大黄鱼肚因加工方法不同而有不同的名称，将鱼鳔的鳔筒剪开后干制的称为“片胶”；不剪开鳔筒直接干制的称为“筒胶”；将数个较小的鳔剪开拉成细长条再压制并干制成的大长条称为“长胶”。大黄鱼根据外形又有不同的商品名称，其中形大而厚实的黄鱼肚称为“提片”；形小面较薄的黄鱼肚称为“吊片”，将数片小而薄的黄鱼肚压制在一起的称为“搭片”。大黄鱼肚主要产于浙江的舟山、温州，以及福建的厦门等。

（5）鳗鱼肚　又称鳗肚、胱肚，用海鳗或鹤海鳗的鱼鳔干制而成。外观细长呈圆筒形，两头尖、呈牛角状，壁薄，色淡黄。主要产于浙江的舟山、温州、台州，以及福建的宁德，广东的湛江，海南省等沿海。

（6）[illegible]鱼肚　用长吻鮠的鳔加工而成。呈不规则状，壁厚实，色白。在湖北一带，这种鱼肚因外形似“笔架山”，当地称为笔架鱼肚。

2. 鱼皮

鱼皮根据皮张的大小和部位的厚薄，可以分成整张鱼皮曝晒和分部位曝晒的，较大的可以分割成脊背、腹部、嘴唇等不同的块晒干。脊背皮厚色青，称青皮；腹部皮薄色白，叫白皮。根据鱼的种类可分为如下几种：

（1）青鲨皮　用青鲨鱼的皮加工制成，为灰色，产量较高。

（2）真鲨皮　用多种真鲨鱼的皮加工制成，为灰白色，产量较高。

（3）姥鲨皮　用姥鲨的皮加工制成。皮较厚，有尖刺、盾鳞，为灰黑色，质量较次。

（4）虎鲨皮　用豹纹鲨和狭纹虎鲨的皮加工制成。皮面较大，黄褐色，有暗褐色斑纹，皮里面为青褐色。

（5）犁头鳐皮　用犁头鳐的皮加工制成，为黄褐色，是所有鱼皮中质量最好的。

（6）沙粒魟皮　又称公鱼皮，用沙粒魟的皮加工制成。特点是皮面大，长约70厘米，灰褐色，皮里面为白色，皮面上具有密集扁平的和颗粒状的骨鳞。

3. 鱼骨

常见的鱼骨是用姥鲨的软骨加工制成的，有长形和方形两种。长形鱼骨为长约15厘米的

长方条，方形鱼骨为边长2~3厘米的扁方块，白色或米黄色，呈半透明状。

4. 海参

海参属于棘皮动物。根据海参背面是否有圆锥肉刺状的疣足分为刺参类和光参类。刺参又称有刺参，体表有尖锐的肉刺，如灰刺参、梅花参、方刺参等；光参又称无刺参，表面有平缓突出的肉刺或无肉疣，表面光滑，如大乌参、白尼参等。一般来说，有刺参质量优于无刺参，无刺参以大乌参的质量最佳，可与有刺参中的梅花参、灰刺参媲美。

5. 鲍鱼

目前，市场上有鲜速冻鲍鱼和鱼罐头制品及干制品出售，干制品以干燥、形状完整、大小均匀、体大为好。一般分紫鲍、明鲍、灰鲍3个商品种类。

（1）紫鲍　体大、色泽紫、质好。

（2）明鲍　体大、色黄而透明、质也好。

（3）灰鲍　体小、色灰暗、不透明、表面有白、质差。

6. 蹄筋

烹饪中使用的蹄筋有猪蹄筋、牛蹄筋、鹿蹄筋、羊蹄筋，以鹿蹄筋质量为上乘。干蹄筋的质量以干燥、透明、白色为佳。通常后蹄筋质量优于前蹄筋。

7. 羊肚菌

羊肚菌按照其子实体颜色可以分成3个支系，即黑脉羊肚菌、黄羊肚菌和尖顶羊肚菌。

8. 竹荪

竹荪是我国20世纪80年代人工栽培成功的菇类。人工栽培的种类有长裙竹荪、短裙竹荪、红托竹荪、棘托长裙竹荪等数种。

1.1.4　特色干制原料的品质鉴定

烹饪原料的鉴定方法主要有感官鉴定、理化鉴定、生物鉴定3种，其中以感官鉴定为主，理化鉴定、生物鉴定在烹饪实践中运用较少。所谓感官鉴定就是凭借人体自身的感觉器官，对烹饪原料的质量状况做出客观的评价，也就是通过用眼睛看、鼻子嗅、耳朵听、口品尝和手触摸等方式，对烹饪原料的色、香、味和外观形态进行综合性的鉴别和评价。

感官鉴定是烹饪原料质量鉴定中经常采用的方法之一，感官鉴定的内容主要是对原料的色泽、品种、部位、气味、成熟度、完整度等方面进行鉴定，从中区分出原料的优劣。

干货原料品质鉴别多根据原料的产地、气味、自身形态、干燥程度等方面进行判断，诸多原料鉴定共性特征如下：

1. 辨别、了解干料产地及来源

出产优质鲜料的名产地，其干料质量相应也是优质的。如莲子以“湘莲”质量最优；鱿鱼以广东南澳“宅鱿”最出名；紫菜以南澳岛采获的“澎菜”为上乘。经验丰富的采购人员，对多数干制原料，从物象就能判断其产地。

2. 干料保持其特有的香味

大多数干料都有它的本味，动物类、植物类以及菌类、藻类，气味各异，浓淡有别，但新鲜与变质，甚至优品与劣品，大都可以通过嗅觉来分辨。

3. 干料自身干爽、无霉迹

干制品如水分含量高，原因有两个：一是制作干品时不符合要求，二是干燥之后受潮回软变湿。这两点都很容易引起发霉变质，如鱿鱼一旦受潮，身上的一层白色粉膜极易脱落，质量下降；若干品回潮后出现霉迹与斑点，则表明已开始变质；霉烂的表明已经完全变质。

4. 干料整齐、完整、均匀

正常的干料应当具备形状整齐、外形完整、个体均匀的特征，所以干制品一般都会分级，将规格大小差不多的放在一个品级里。而干品如长短不一、大小不等、瑕瑜掺杂，则为低质品。

5. 干料色泽鲜明，无虫蛀与杂质

大多数新鲜产品及时按规范制成干料后，都会保持一定的鲜亮色泽。若存放过期，或保管不善，或受潮与虫蛀、霉变，颜色会发生变化，失去原有的光泽，成为质量低劣的干品。即使是质量正常的干料，如其中混有杂质，质量也要打折扣。如虾米中掺有头壳与碎末，便不是优等品。

在鉴别原料品质时要注意区分原料的等级。原料的质量等级是由其部位、产地、规格及加工方法等因素决定的，人们应根据菜肴的要求，合理选择不同等级的产品。

在鉴别干货原料品质时要注意辨别真伪，以防制假者用低档原料冒充高档原料。选择时还需注意干货在制作过程中是否使用各种违规化学添加剂，若有使用不可选购。

技能训练 1　鲍鱼的优劣鉴别

鲍鱼的质量从大小来看，个体较大者质量好，价格也高，所以餐桌上有按头数（个数）计数的习惯，每500克两只鲍鱼，称两头鲍，坊间有“有钱难买两头鲍”之谚语，以此类推。上等干鲍鱼的品质干燥，形状完整，大小均匀，色泽淡黄，呈半透明状，微有香气；如色泽灰暗不透明，且外表有一层白粉，则质量较差。

优质鲍鱼色泽呈米黄色或浅棕色，质地新鲜有光泽；外形呈椭圆形，鲍身完整，个头均

匀，干度足，表面有薄薄的盐粉，若在灯影下鲍鱼中部呈红色更佳；肉质方面，优质鲍鱼肉厚，饱满，新鲜。

劣质鲍鱼颜色灰暗、褐紫，无光泽，有枯干灰白残肉，体表附着一层灰白色物质，甚至出现黑绿霉斑；体形不完整，边缘凸凹不齐，个体大小不均和近似“马蹄形”；肉质瘦薄，外干内湿，不陷也不鼓胀。

技能训练 2　海参的优劣鉴别

海参种类较多，选择海参时，应以体形饱满、质重皮薄、肉壁肥厚，水发时涨性大、发参率高，水发后质感软糯而滑爽、有弹性，肉质细，参体无石灰质骨片者为好；凡体壁瘦薄，水发涨性不大，成菜易酥烂者质量差。

（1）闻气味　闻之有股海鲜特有的清淡味道，则说明该海参的质量较好；如果有股腐臭气味，则说明该海参的质量较差或已经变质。

（2）看刺根　海参刺根粗、短，则为野生海参；若刺根细长，则为养殖海参。

（3）涨发率　干海参的正常泡发率约为8倍，涨发率的高低取决于干海参的质量。

（4）看外观　海参的表面有盐巴颗粒，而且整体颜色为灰白色，则为盐干海参；反之整体颜色乌黑发亮，则为糖干海参；正常的淡干海参颜色有棕色、褐色、深褐色和黄色。

（5）看肉质　野生海参的肉质比较厚实有弹性，质地较饱满；而养殖海参的肉质比较松软，不紧实。

技能训练 3　鱼肚的优劣鉴别

鱼肚质量以板片大、肚形平展整齐、厚而紧实、厚度均匀、色黄洁净、有光泽、半透明者为佳。质量较差者片小，边缘不整齐，厚薄不均，色暗黄，无光泽，有斑块。常见鉴别方法如下：

（1）通透度　这是鱼肚最基本的特征，最常见的方法就是逆光照射鱼肚，如光源能够很好地透出，说明鱼肚的品质较好，反之说明鱼肚品质一般或为人工合成品。

（2）纹理　不同品种的鱼肚，都有自己独有的纹理，不过有些鱼肚纹理比较相似，如赤嘴和北海公肚，纹理都比较细腻柔顺。另外，越老的鱼肚，纹理越清晰，越细腻自然。

（3）鱼肚特征　每一种鱼肚的特征不一样，可以从不同鱼肚的特征来判断优劣。如北海鱼肚，有两只耳朵，耳朵是通的，而不是一块实心的胶；赤嘴有两条法令纹，法令纹旁边有两排出水口；黄花胶的胶身中间有一条肉须，筒状的黄花胶，肉须在筒内，开边的黄花胶，肉须很明显就在胶中间。

（4）声音特征　鉴别鱼肚时将鱼肚相互敲打听其声音，声音响亮清脆的相对质量较好，声音沉闷的则说明含水量高，质量不佳或一般。

（5）色泽　鱼肚以色泽透明、无黑色血印的为好，涨发性强。一般常用的是黄色鱼肚，体厚片大，色泽淡黄明亮，涨性极好。

技能训练4　羊肚菌的优劣鉴别

挑选羊肚菌一般以个大为优，菌身黄褐色直径4厘米左右，菌柄白色长度2厘米左右，这样的品质较好。羊肚菌还有圆顶和尖顶之分，一般圆顶为上品；尖顶羊肚菌多为种植，而且柄比较长，均为褐色，肉薄香味不浓郁，质量较次。优质的羊肚菌一般外形比较完整，嫩度适中；表面结构完整，闻起来没有发酸的味道；未打开菌盖的羊肚菌品质优于菌盖已打开的。

技能训练5　竹荪的优劣鉴别

竹荪由菌盖、菌伞和菌柄组成，体呈条网状，长约10厘米，菌盖像一只钟罩在菌柄的顶端，菌盖下是椭圆形或多角形的孔格，菌柄基部为白色或粉红色，点缀紫色斑块，散发出独有的清香。

（1）颜色　优质竹荪的颜色为淡黄色，质地粗壮，长短均匀，表面无杂物，菌柄无断碎，干燥无霉。劣质竹荪色白，个体纤细，色泽发黑，短小碎烂。

（2）味道　优质竹荪闻起来有一点点甜味，还有一种难以表述的香味，类似面霜的味道。而劣质竹荪有刺激性气味，非常难闻。

（3）泡发　优质竹荪泡发后质密饱满，清洗上面的杂质时菌杆韧性强不易碎断；劣质竹荪泡发后，质稀孔大，清洗时容易碎断。

（4）干燥度　优质竹荪摸起来肉质很厚，很干燥；劣质竹荪摸起来肉质很少，有的还有潮湿的感觉，这种竹荪很容易变质。

（5）制作　优质的竹荪可以煮很长时间，不散烂，保持泡发时的形态。而劣质竹荪不能久煮，易烂不成型。

技能训练6　松茸的优劣鉴别

松茸又名松口蘑，是菌类的一种，是松栎等树木外生的真菌，具有独特的浓郁香味。菌盖初为半球形，后展开成伞状，表面干燥，灰褐色或淡黑褐色，菌褶白色。

（1）产地　我国很多地区都产松茸，但各地区松茸的品质差异巨大，价格相差数十倍。目前国际市场公认的中国优秀松茸主要来自香格里拉。香格里拉产茸区包括云南迪庆产茸区、西藏产茸区和四川甘孜州产茸区，年产量约占全国总产量的70%，因自然环境适宜，那里的松茸品质最好，肉质紧密有弹性，香气十足，颜色呈淡黄色或米白色，几乎每年的松茸

产品都会出口，国内难得一见。消费者在购买松茸时，可以通过手指按压、闻气味、看颜色等方法来判断产地，如果无法判断松茸的产地，必须要求商家出具国家颁发的原产地认证文件，这样可以确保买到优质松茸。

（2）看颜色　正常的松茸颜色淡黄或米白，过度发黄很可能是变质了或加入了添加剂，此类松茸可能对人体有害。

（3）闻气味　品质好的松茸闻起来有一种独特的香气，而闻起来香味较淡的松茸相对次之，完全没有香气的松茸不能食用。

（4）看品相　双叶林中生长的松茸外表肥壮，如果外表畸形或瘦弱，一般为单叶林松茸，营养相对较差。当然，因为松茸完全是自然生长，所以形状各异也属正常。另外松茸在生长过程中会散发一种独特的香气，森林里的虫子较多，所以一半以上的松茸都会有虫伤，虫伤会破坏松茸的完整度，所以虫伤越少，就代表松茸的品质越好。

（5）观水分　水分很多的松茸是泡水茸，在保鲜过程中，水分会伤害松茸的活性营养和纤维。

（6）鉴茸龄　松茸生长超过48小时，菌盖上就开始出现裂纹，之后会开朵、脱伞，这样的松茸是老茸，基本没有营养。

（7）分规格　松茸越大，营养越好。因为松茸在同一段时间内能长多大，是由土壤的养分和菌丝的品质决定的。所以松茸越大，营养越充足。

1.2　特色干制原料初加工

烹饪原料经干燥或脱水后，其组织结构紧密，表面硬化、老韧，还具有苦涩、腥臭等异味，不符合食用的要求，不能直接用来制作菜肴，必须重新吸水加工。烹饪原料干燥或脱水的逆过程即干货涨发，简称发料或复水。干制原料一般都在复水（重新吸收水分）后才能食用。干制原料复水后恢复原来新鲜状态的程度是衡量干制品品质的重要指标。干货常用涨发方法有水发、油发、气膨化涨发等。

1. 水发

水发是直接将干货原料放置于不同水温的水中，采取加热或不加热的方法，使原料重新吸收水分，达到食用目的的涨发方法。根据水温的不同和加热与否，又分为以下几种类型：

（1）常温水发　俗称冷水发，指将干制原料直接静置于常温水中涨发的过程。主要适用于植物性干制原料，如银耳、木耳、口蘑、黄花菜、粉条等。

（2）温水发　指将干制原料静置于50~60℃的温水中涨发的过程。适用的涨发原料范围与常温水发大致一样，只是比常温水发的速度要快一些。另外，在冬季，适用常温水发的干制原料，改用温水发，可加快干货原料的涨发速度。

（3）热水发　热水发最常见的是泡发，是将干制原料置于容器中，用沸水直接冲入容器中涨发的过程。对质地较硬或较老的干制品，有时候需要通过持续加热来发制，于是便形成了煮发、焖发和蒸发几种方法。

1）煮发是将涨发原料的水逐渐加热由低温到高温至沸腾状态的过程。主要适用于体大厚重和特别坚韧的干制原料，如海参、蹄筋等。时间在10~20分钟，有的还需适当保持一段微沸状态，有的还需反复煮发。

2）焖发是将干制原料置于保温的密闭容器中，保持一定温度，不继续加热，但维持恒温状态的过程。这实际上是煮发的延续，焖发通常和煮发混合使用，即煮发、焖发、再煮、再焖，持续这个过程，直至涨发完成。温度因物而异，一般是焖的过程中当水温降至常温或略高于常温时即可以加热，并持续这样的过程。

3）蒸发是将干制原料置于蒸笼中，利用蒸汽加热涨发的过程。主要适用于一些体小易碎的或具有鲜味的干制原料。蒸发能有效保持干制原料的形状和鲜味，而不至于破损或流失鲜味汤汁。蒸发还是对一些高档干制原料进行增加风味和去除异味的有效手段，如干贝、蛤士蟆、龙肠、乌鱼蛋等。

（4）碱水发　碱水发的本质是水发，碱在涨发过程中充当催化剂，可以加快干货原料的涨发速度。碱发的过程是将干货原料先用清水浸泡适度回软，再浸置于事先调好浓度的碱溶液中进行涨发的过程，是在自然涨发基础上采取的一种强化手段，一些干硬老韧、含有胶原纤维和少量油脂的原料，在清水中难以完全发透，为了加快涨发速度，提高成品涨发率和质量，在介质溶剂中可适量添加碱性物质，改变介质的酸碱度，造成碱性环境，促使蛋白质的碱性溶胀。主要适用于一些动物性原料的涨发，如蹄筋、鱿鱼等。但碱水发对原料营养及风味物质有一定的破坏作用，因此选择碱水发方法时要谨慎；另外碱水发很容易造成原料腐烂，所以在碱水涨发中一定要谨慎对待每一个环节。根据溶化碱的水温和碱的化学属性，碱水的配制方法一般包括两种类型。其中常用的是生碱水涨发法。

1）生碱水。将10千克冷水（秋冬季可用温水）加入500克碱面（又称食碱、碳酸钠）调匀，溶化后即为5%的生碱水溶液。在使用中还可根据需要调节浓度。

2）熟碱水。传统的熟碱水是指用沸水加碱调制而成的，一般是在9千克开水中加入350克碱面和200克石灰清（生石灰加水浸泡后的水，具有强碱性）拌和，冷却后的碱液即为熟碱

液，俗称熟碱水。在配制熟碱水的过程中，水和生石灰混合后发生化学反应，生成物主要是氢氧化钙。氢氧化钙为强碱，碳酸钠为弱碱。所以用熟碱水发料比用生碱水发料效果好。干货在熟碱水中涨发的程度和速度都优于生碱水。熟碱水对大部分性质坚硬的原料都适用。涨发时不需要“提质”，原料不黏滑，色泽透亮，出料率高。主要用于鱿鱼、墨鱼的涨发。涨发后的鱿鱼、墨鱼多用于爆、炒等菜肴的制作。

2．油发

油发干货原料主要分为两个步骤：一是低油温焐油阶段，二是高油温膨化阶段。干货原料膨化后，油发处理过程严格意义上就告一段落。但是甘松酥脆的膨化原料是不能直接食用的，因此原料膨化后还有一个吸水过程，这个过程通常也纳入油发中，作为其中一个环节。

（1）低油温焐油阶段　是将干制原料浸没在冷油中，缓慢加热至油温达到100~115℃，时间根据物料的不同而异，如鱼肚需20~40分钟，猪皮需120分钟，猪蹄筋需50~60分钟。经过第一阶段加工的干制原料，体积缩小，冷却后更加坚硬，有的具有半透明感。在低油温焐油阶段需要注意，油温不能太高，防止原料焐油不充分，提前在局部地区形成气室，影响整个原料的涨发效果和涨发率。

（2）高油温膨化阶段　是将经低油温焐油后的干货原料，投入到180~200℃的高温油中，使之快速膨化的过程。经过第二阶段加工的干制原料，体积急剧增大，色泽呈金黄色，孔洞分布均匀。注意原料入锅时数量要少，因为原料膨化阶段体积急剧增大，锅中原料太多，会导致原料在锅中翻身不匀而造成颜色不均匀或焦黄，油少料多还容易造成原料在锅中受热不均匀，从而导致原料膨化不充分或不彻底。因此，油涨发的高温膨化阶段应该大油量、小料量进行，防止出现上述现象。

（3）吸水膨润阶段　是将经过高油温膨化的干货原料置于水中，使原料吸收水分回到松软状态达到食用要求的过程。一般情况下，水温不宜太高，常温即可，可以保证吸水率，从而改变涨发率。

3．气膨化涨发

气膨化涨发法属于热膨胀涨发，是将热能转化成辐射源，对原料进行膨化处理，主要是去除存在于原料内部的束缚水。膨化过程中温度逐渐升高，当温度达到200℃左右时，束缚水与亲水基团相结合的纽带氢键就被破坏，束缚水脱离组织结构，变成游离态的水而被汽化。干货原料结构发生变化，随着温度的升高和时间的延长，胶原蛋白变性，完全丧失了凝胶特性，气室也越来越大，当气室固定下来成为固定蜂窝状，就完成了干货原料的涨发过程。

（1）低温烤制阶段　此阶段干货原料会变软、收缩、卷曲，原料表层出现颗粒状小白泡。其原理是原料组织发生热变形作用所致，具体说就是蛋白质中的一些弱键断裂，导致蛋白质网状结构松弛，胶原纤维变软、收缩，使干料体积缩小至原料的1/3左右。

（2）高温膨化阶段　随着热空气由外向内传递的距离缩短，传递速度加快，使得原料内里结合水短时间获得大量的能量，挣脱亲水基团的结合，从而急剧汽化膨胀，致使胶原蛋白网络结构遭到破坏，发生不可逆变性，失去了凝胶的特性而脆化，使形成的孔洞结构固定下来。

（3）吸水膨润阶段　这个阶段与油涨发阶段的吸水膨润过程一致。

技能训练7　鲍鱼的涨发

目前常见的干鲍鱼涨发方法为水发，碱发是辅助方法之一。但碱发后鲍鱼所含的碱味不易冲漂干净，鲍鱼的营养成分会受到一定程度的破坏，并且鲍鱼的鲜美度也会降低，成菜口感不佳。故只以水发为例说明。

（1）涨发流程　干鲍鱼放入盆中，注入30℃的温水浸泡约3天，然后用小毛刷或牙刷刷去鲍鱼身上的毛灰、细沙及黑膜，洗净；将鲍鱼放入用竹箅垫底的砂锅中，加入清水，大火烧开后，转小火煨约10小时。当鲍鱼的边缘能撕下时，捞出放入清水中，去掉鲍鱼的牙嘴和裙边；取干净砂煲，在煲底垫上竹箅子，再将鲍鱼整齐地摆放在竹箅子上，加入顶汤（高级清汤），大火烧开后，转小火煲约48小时，至鲍鱼完全涨透回软即可。

（2）涨发关键　鲍鱼涨发时不宜用铁制器皿，否则鲍鱼颜色变黑；煨煲鲍鱼时一定要用小火（俗称灯芯火），以免汤汁溢出或烧干；鲍鱼的浸泡和煨、煲的时间一定要足够，才能使鲍鱼涨透回软。

技能训练8　海参的涨发

海参为餐饮常见产品，涨发方法多样，目前常见方法有水发、火发、油发。

（1）涨发流程　不同的涨发方法其流程不尽相同。

1）水发。

①方法一：将海参放入常温水中浸泡6小时左右，换热水浸泡，待水冷却后再换热水，反复这个过程，直至完全发透。

②方法二：将海参用清水浸泡6小时后，换清水加热烧沸，待水冷却后再加热，反复4~6次直至完全发透。

将水发好的海参放入足量的冰块中，用保鲜膜封住容器口，入冰柜冷藏10小时取出，换清水洗净待用。在泡发或煮制过程中要注意观察其是否发透，及时捡出发透的海参入冰水中浸泡，直到将海参全部发透为止，捞出入冰中浸泡保存。

2）火发。火发是将表皮杂质较多的海参，放在炉火上烧至表皮焦干，然后放入水中浸泡

透，捞出用刀将表皮轻轻刮净，放入清水中浸泡约8小时，再入沸水中焖2小时取出，反复2~4次换水煲焖至去掉灰臭味发透为止，取出清理掉海参内脏，放入清水中浸泡6~8小时，漂浸结合直至无异味、发透。

3）油发。油发海参适用于急用需快速发透时，具体方法是将海参放入凉油中，上火逐渐加热炸至海参浮于油面时捞出，再沥干油，用沸水煮焖至软，取出内脏，再用清水漂洗3小时至透即可。此法优点是时间短，缺点是海参口感略差，弹性不足，营养损失很大，特别注意的是此法涨发的海参，不能保存，且成品率极低，一般很少采用。

（2）涨发关键　海参的大小厚薄不一，涨发时间也不同。小而薄的海参涨发时间可短些，大而厚的海参涨发时间应长些。同样大小、同样厚薄、同样品种的海参，涨发时也会有先发透的和后发透的。

涨发好的海参不能冷冻，因为海参涨发后组织内含大量的水分，水分如冷冻结成冰晶，海参会变形、破裂，解冻后，细胞内可溶性营养成分和风味物质随水流失，出现蜂窝状，弹性变弱，蛋白质因脱水而变性，造成口感不够软润而降低了海参的品质，因此发好的海参不能冷冻，适宜放置在1~2℃的冷藏环境保存。

技能训练9　鱼肚的涨发

鱼肚在食用前，必须提前泡发，有油发、水发、混合发三种方法。质厚的鱼肚油发、水发皆可，而质薄的鱼肚，水发易烂，还是采用油发较好。

（1）涨发流程　油发的流程根据原料不同，方法也多样。

1）油发。鱼肚烘（晒）干→油焐→炸发→水泡→烹调，适用于较厚的鱼肚，如毛鳞鱼肚、鳖鱼肚等。先将鱼肚放在冷油中上火加热焐油，见鱼肚收缩卷曲，表体出现小白点，油温在三四成热时（行业对油温的俗称，下同，120~130℃），关火。待油冷却，捞出。另取锅加油烧热，油温升至七成热（180~210℃）时，放入鱼肚，并将鱼肚压于油中，此时鱼肚涨发成充满孔洞的海绵体状，取出，放在常温水中浸泡至软，用淡碱水清洗，以除去油腻，再用清水浸泡，随用随取。

2）水发。

①煮发。流程为：水浸→反复煮焖→漂洗→烹调。先将鱼肚放冷水中浸泡2小时后洗净，然后放在锅里加水煮沸约5分钟，恒温80~95℃焖4~6小时，如此重复3~5次，见鱼肚柔软、手能掐进鱼肚者先行取出，至全部涨发透，漂洗干净浸泡于常温水中，随用随取。

②蒸发。先将鱼肚放冷水中浸泡2小时后洗净，然后蒸约4小时，待鱼肚富有弹性，换清水浸泡约3小时，加葱、姜、酒、凉水上笼再蒸1~2小时，至全部涨发透，漂洗干净浸泡于常温水中，随用随取。

3）混合发。将鱼肚烘干焐油后转入清水煮制，保持微沸30~40分钟；调适当浓度的碱液（一般为3%，不超过5%），将煮过的鱼肚转入碱液中浸泡约6小时，水温保持50℃左右，取出用清水漂洗去净碱液，再入温水（40~50℃）中浸泡约4小时，至松软即可，随用随取。

（2）涨发关键　准备油发的鱼肚必须干爽，潮湿的易出现硬块，所以涨发前应先分质选取，烘干或晒干。

油发鱼肚发制完成后都要放在碱水中洗去油脂，加碱量要控制好，碱多了会使鱼肚糜烂。一般碱水浓度为3%，可将鱼肚放在碱水中挤捏除油，然后漂清，放碱水中浸泡时间要短。

准备水发鱼肚大多选片大肉厚的，薄小的鱼肚不经煮。煮焖时为防鱼肚粘底，可在锅底垫上竹垫。

技能训练10　羊肚菌的涨发

羊肚菌常用水发。

（1）涨发流程　将干羊肚菌放入50℃左右的温水中浸泡约半小时，捞出剪去根部，洗净夹层里的泥沙，放入温水中泡至发软即可。如急用，可调制温糖水浸发，糖与水比例为1：4。

（2）涨发关键　浸泡时不能捏挤干羊肚菌，否则不但会使香味、营养大量流失，而且泥沙会被挤入菌褶中，难以洗净。另外，浸泡干羊肚菌的水滤去泥沙杂质并澄清后可加入菜肴中，使汤味鲜美。

泡洗时，先用冷水将干羊肚菌表面冲洗干净，然后用温水发开菌褶，再用手朝一个方向轻轻旋搅，让泥沙徐徐沉入盆底。

技能训练11　竹荪的涨发

干竹荪的菌盖头是异味的主要来源，在泡发之前，可以将菌盖头和菌体按照质地的不同进行分类，然后采用不同的涨发工艺进行涨发，常见涨发方法有水发和淘米水发。

（1）涨发流程

1）水发。将干竹荪放入清水或淡盐水中浸泡，直至完全回软。一般需要泡发30分钟左右，中间需要换两三次水，才能把泥沙泡出来。

2）淘米水发。淘米水泡发竹荪，竹荪会更白一些，但时间更长一些，需要2~3小时，泡发洗净后，放入清水中浸泡待用。

（2）涨发关键　竹荪涨发时忌用热水，否则容易导致竹荪表层熟化破损；因原料大小品质有别，应将涨发完成的竹荪分次挑出，以防涨发过度。

技能训练12　松茸的涨发

松茸是珍贵菌类，属于国家二级濒危保护物种。因鲜品不易保存，多以干制品形式存在，食用时常用水发。

（1）涨发流程　干松茸用小刷子轻轻刷除表面沙尘，侧重刷根部；在盆中倒入适量清水，放入松茸泡发1小时左右，再次清洗。泡发洗净的松茸放入清水锅中，大火烧开后转小火，加热半小时左右即成。

（2）涨发关键　泡发干松茸时，如用40℃左右的温水，半小时就能完成泡发。过滤后的泡松茸的水，是制作菌汤的重要原料。

复习思考题

1. 简述鱼肚的干制原料及工艺关键。
2. 详述干制原料的常用干制方法。
3. 简述特色干制原料品质鉴定要点。
4. 简述鱼肚的品质鉴定要点。
5. 简述盐干制海参的涨发工艺。
6. 简述气膨化涨发原理。
7. 简述油发鱼肚的涨发工艺流程及关键。

项目 2

菜单设计

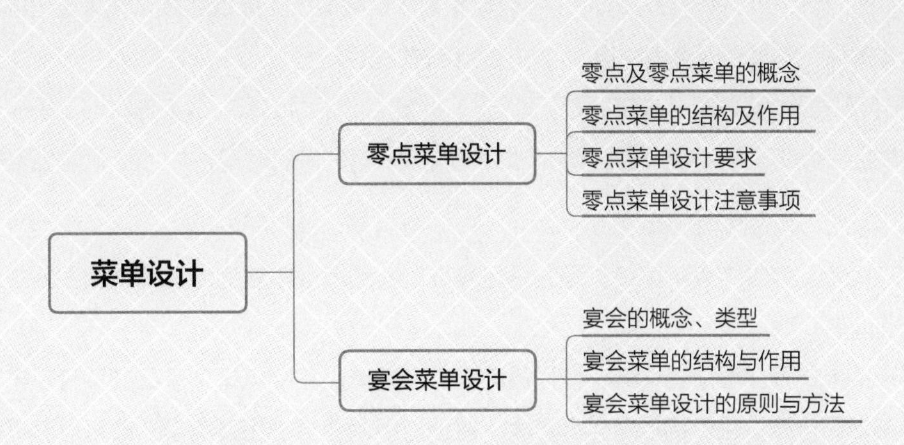
菜单设计
零点菜单设计
零点及零点菜单的概念
零点菜单的结构及作用
零点菜单设计要求
零点菜单设计注意事项
宴会菜单设计
宴会的概念、类型
宴会菜单的结构与作用
宴会菜单设计的原则与方法

2.1 零点菜单设计

2.1.1 零点及零点菜单的概念

所谓零点是指零散顾客就餐时，根据自己的饮食喜好，在餐厅提供的产品中选择菜肴的行为过程。

1. 零点的特点

（1）客情不固定或稳定性差　零点餐厅的顾客一般都是非固定客群，人数一般较少，不能构成整桌宴饮，有时（如旅游季节）客群人数较多，有时（如旅游淡季）客群人数会较少。

（2）客源流动性大　零点顾客基本上是不确定的散客，流动性较大。

（3）客源构成复杂　零点顾客相对分散，有本地人，有外地人；有中国人，也有外国人；有年轻人，也有老年人；有工人、有学生等。

（4）客群消费差异大　由于客源构成差异较大，所以顾客的经济背景多样，就餐原因不一，口味喜好也不尽相同，导致消费能力有较大差异。

（5）菜肴自主选择　自主择品是零点与套菜、宴会最大的区别。顾客根据自己的需要、喜好选择菜点，选择空间较大，自由度较高，自主性较强。

（6）菜肴现点现吃　与宴会采用预约式、批量生产不同的是，零点通常都是现来现点，产品分散且数量少，点完菜后要立即制作，尽量缩短顾客的等候时间，并保证顾客的满意度。

2. 零点菜单的概念

零点菜单又称零点点菜菜单，是为满足零散顾客的就餐需要而制订的供顾客自主选择菜肴的销售清单。

零点菜单是餐厅里最基本的、使用最为广泛的菜单。其特点是菜单上的菜肴较多，每一道菜肴都标明价格，且价格档次差异较大，能适应不同顾客的用餐需求。顾客可以根据自己的喜好，酌量酌价选择菜肴。

3. 零点菜单的类型

零点菜单按照餐式可以分为中式零点菜单和西式零点菜单；按照就餐的时间，可以分为早餐零点菜单，正餐零点菜单；按照菜单的形式可以分为单页零点菜单、合页零点菜单、三折零点菜单、书本式零点菜单等。

2.1.2 零点菜单的结构及作用

1．零点菜单的结构

这里以中餐为例来介绍零点菜单设计结构。

（1）早餐零点菜单　早餐分为两类，一类是酒店的早餐，一般都是自助早餐，菜单相对固定，费用通常含在住宿费里，所以一般不分档次和价格，由住店客人自主选择；另一类是经营性餐厅，专门经营早餐，档次有高有低，品种也各不相同，供客人点食。无论哪一类早餐，其结构基本如下：

1）粥类。粥包括白米粥、小米粥、赤豆粥等，南方地区可能还有鸡肉粥、牛肉粥、皮蛋瘦肉粥、菜粥等供应。大多数餐厅除白米粥（西部地区可能以小米粥为主）价格略低外，其他的粥均以同样的价格让顾客选择。

2）点心类。点心主要以中式点心为主，包子类有猪肉包（食牛羊肉地区则可能是羊肉包、牛肉包）、笋肉包、豆沙包、菜肉包、雪菜包、干菜包、萝卜丝包等；饺子类有生肉饺子、虾肉饺子、菜饺子等；烧卖类有糯米烧卖、翡翠烧卖等；煎炸烘烤类有炸春卷、炸油条、生肉锅贴、牛肉锅贴、黄桥烧饼、烙饼、蛋糕等。有的还提供馄饨、各式面条等。现在很多早餐店还提供多种类型的杂粮食品供选择，如蒸红薯、蒸芋头、煮玉米、煮带壳花生、煮山药等。

3）小菜类。包括各式炒制的咸小菜、油炸花生米、咸鸭蛋、腐乳、香肠，以及各式炝拌凉菜、卤凤爪等，另外还有荷包蛋、茶叶蛋、卤兰花干、豆腐脑、胡辣汤等。

4）饮品类。如茶、豆浆、牛奶、咖啡等。

5）水果类。如西瓜、苹果、橘子、菠萝、葡萄、香蕉等。

（2）正餐零点菜单　中餐中的正餐一般指午餐，但随着社会经济的发展，晚餐也成了正餐。午餐也好，晚餐也罢，只是享用时间的不同，菜肴的结构设计基本相同。

1）冷菜类。冷菜一般直接写出菜肴的名称，如蒜泥黄瓜、青菜毛豆、虾子春笋、五香酱鸭、扬州老鹅、香油素鸡、虾子卤香菇、淮扬醉鸡、卤水拼盘等。

2）热菜类。热菜是菜单中数量最多的一类菜，在菜单中一般不直接标记为热菜类，而是采用不同的方式表示，一种是将热菜按烹调类型排列，如炒菜类、烧焖类、蒸煮类、煎炸类、汤菜类等；另一种是按菜肴的主要原料类别与菜肴的某种特性分类，如海鲜类、江鲜类、肉类、禽类、蔬菜类等。而煲类、铁板类、汤菜类单独列出，不列入热菜中。在以菜肴主料划分的菜单中，一种直接以菜名表述菜的烹饪方式，如蒜蓉明虾、豉油明虾、水煮明虾、避风塘明虾等；另一种在原料后标注该原料的成菜方法，如鳜鱼（清蒸、红烧、干烧、醋熘）、基围虾（白灼、油焖、茄汁、干锅）等。

3）面点类。面点类主要由发酵类、油酥类、水调面类、米粉类、杂粮类、澄粉类点心组

成，品种多样，绝大多数是半成品，加热很快就能成熟，如南瓜饼、金银馒头等。

4）主食类。在菜单中，主食类与面点类有分开单列的，也有合为一体的，主食类主要指饭类、面条类、粥类等。饭类有各类炒饭、焖饭、白米饭、杂粮饭等；面条类有阳春面、各种盖浇面、各类炒面等；粥类有鸡肉粥、八宝粥、各类菜粥等。

5）酒水饮料类。大多数餐厅将酒水直接列在菜单的后面，如各类啤酒、白酒、黄酒、红酒等。有些餐厅有单独编制的酒水单，顾客在点完菜后，有时会忽略酒水单，因此，酒水饮料最好列在菜单的后面。

除了上述基本结构外，有些餐厅还根据自身的经营特色，在正餐零点菜单之外，增加本店招牌菜、旺销菜，或是地方土菜、特色菜等内容。一般都是在主菜单之外有一个立式单体菜单，标题是厨师长推荐或特别推荐，插在餐桌上的台签中。

2. 零点菜单的作用

零点菜单作为酒店或餐厅使用最为广泛的一种菜单，对餐饮企业的经营管理、厨房生产、餐厅服务有着重要作用。对于餐饮企业和消费者而言，零点菜单的功能是不一样的。

对于消费者而言，菜单就是餐饮企业为顾客提供的产品清单，顾客凭借菜单选择自己所需要的产品，通过菜单的文字与图片介绍，使顾客对菜肴的品种、价格、内容、风味特色等有基本的认识，方便了顾客选择产品。

对于餐饮企业而言，菜单的作用表现在以下几个方面。

（1）菜单作为餐饮企业的营销媒介，是连接消费者与经营者之间的纽带　经营者通过菜单向顾客介绍本店产品，推销餐饮服务，体现餐饮企业的经营意图；而菜单的设计形式和布局格式又能体现餐饮企业经营服务水平，因此不能将菜单简单地看成餐饮企业的产品清单，应当理解为菜单在向顾客展示餐饮服务全部内容的同时，又无声地影响着顾客对产品的选择和购买决定。

（2）菜单结构影响厨房设备的选配和厨房布局　菜单内容会影响厨房设备的选择和配置，影响厨房的规模及生产设备的整体布局。显而易见，菜单中不同的菜式品种及特色，需要有相应的烹饪设备、服务设备及餐具配置。菜式品种越丰富，所需设备的种类就越多，从这个意义来说，菜单是餐饮企业选择配置设备的依据和指南，它决定了厨房所使用的设备的数量、性能和型号等，决定了厨房线路的走向和设备器具的布局。

（3）菜单决定厨师、服务员的配备　菜单菜肴的工艺特色、风味特征决定着厨师的配置、餐厅服务的规格水平，影响着服务员配备。如经营粤菜要配备擅长粤菜的厨师，体现高规格服务要配备精通服务技能的优秀服务员。否则，菜单设计得再好，若厨师、服务员不能胜任，不仅会使顾客失望，企业也很难生存。因此，餐饮企业在配备厨师和服务员时，要根据菜式工艺、风味和服务的要求，建立一支具备相应技术水平、结构合理的专业队伍。

（4）菜单影响食品原料的采购和贮存　食物原料是制作菜肴的物质基础。食物原料的采购、贮存要依据菜单来进行。由于菜式品种在一定时期内保持不变，厨房生产所需食物原料的品种、规格等也相对固定，这就使得原料采购方法、采购规格标准、货源提供途径、原料贮存方法、仓库面积和环境要求等方面能保持相对稳定。菜单中的原料，是采购的必备品种，而临时增加或新推出的菜式品种所需的原料，应该及时调整落实到采购计划中，保证在规定的时间内提供给厨房使用。

（5）菜单影响餐饮成本和企业赢利　餐饮企业通过对菜单上菜肴销售状况的分析，及时调整菜单品种，完善菜肴的促销方法和定价策略，使菜品更能满足市场需求。菜单设计得好坏，直接决定了餐饮成本和赢利能力的高低。如果菜单中用料珍稀、原料昂贵的菜式太多，必然导致较高的食物原料成本；若精雕细刻、费工耗时的菜式过多，又会无端增加人力成本。因此，餐饮企业成本控制的首要环节，就是从菜单设计开始。在零点菜单中，不仅要准确计算各具体品种的成本，还要确定不同成本菜肴的品种比例，使餐饮成本控制在合理的范围内，保证企业利润目标的实现。

2.1.3　零点菜单设计要求

1. 符合顾客需求

零点菜单的菜肴品种要体现餐厅的经营宗旨，而餐厅的经营宗旨主要是符合有类似需求的目标顾客的需要。如餐厅的目标顾客是收入水平较高、以享受为目的的就餐群体，菜单内容应该以用料讲究、做工精细的精致菜肴为主；若目标顾客是普通工薪阶层，则菜单内容应当是多元的，既有中高档菜肴，又有普通菜肴，菜肴形式则以本土菜为主；如果目标客户是流动性人群，菜单内容应以制作快捷、价格适中的菜肴为主。总而言之，菜单菜肴设计应随客情变化而变化。

2. 菜肴特色鲜明

菜单的特色可以从宏观和微观层面来看。宏观层面上表现为区域性特色，如在川菜馆林立的四川，穿插一家粤菜馆，这就是风味特色；微观层面则是指餐厅的菜单内容上应体现风味特色，尽量选择能反映餐厅特色和厨师擅长的菜式品种。如果菜单上的品种太普通，或仅做“跟风菜”，没有风味特色鲜明的菜肴作支撑，餐饮企业会缺乏市场竞争力。鲜明的风味特色就是某餐厅独有而其他餐厅没有的某类菜或某个品种的菜，即人们常说的“人无我有、人有我优、人优我精”的“招牌菜”“看家菜”“特色菜”。

3. 保障材料供应

凡列入菜单的品种，餐厅应该保证供应，这是一条非常重要的原则。在设计菜单菜肴

时，必须充分掌握各种原料的供应情况，如市场供求关系、采购时效、运输条件、原料季节、企业地理位置等因素，充分预估各种可能出现的制约因素，尽量使用当地出产或供应有保障的食物原料。

4. 保障技术实现

在设计菜单菜肴时，应充分考虑厨师的擅长领域、技术特长，选定的菜肴应该能发挥其特长，是他们熟练掌握的菜肴，或者是通过适当的培训就能做好的菜肴。

5. 体现多种平衡

零点菜单要满足不同顾客的口味，以便让顾客在点菜时有较大的选择余地，这就要注意几个平衡：一是原料搭配的平衡，菜单中每一类别的菜肴应选用多种原料去制作，以适应不同顾客对原料的选择要求，如菜单中海鲜、河鲜、肉类、禽类、蔬菜的菜肴均有一定数量，顾客可以根据自己的喜好选择；二是烹调方法的平衡，菜单中的各类菜肴应采用不同方法制作，如炸、熘、爆、炒等，形成不同的口感；三是味型调制的平衡，菜肴的口味应该丰富多样，在主导风味统领下，实现多种味型并存，这样可以给顾客更大的选择空间；四是营养供给的平衡，在菜单菜肴设计时，要考虑到营养及供给平衡的问题，如菜单中原料种类的丰富性，一道菜肴中原料搭配的多样性、烹调方法的科学性等，在菜单菜肴设计中，可以增加营养方面的内容，引导顾客平衡膳食。

6. 实现供销双赢

零点菜单中的菜肴价格一般会高于套菜和团体菜的价格，但并非菜肴价格越高，餐饮企业赢利越大。价格是一把双刃剑，合理定价可以形成企业与顾客的双赢局面。因此，在设计菜式品种时，需要准确核算菜肴的原料成本、售价和利润率，检查其成本率是否与目标利润率吻合，即该菜肴的赢利能力如何；同时要考虑该菜肴是否可以成为畅销产品，准确分析该菜肴的销售对其他菜肴产生的影响，并且尽量拉开菜肴价格梯度，使每一类菜肴的价格在一定范围内有高、中、低的选择。这样的菜肴设计会让顾客在点菜时，既觉得丰俭由己，又觉得价格合理，物有所值。

7. 菜肴数量适中

在设计零点菜单时，要根据餐饮企业的规模和生产能力，确定合适的菜肴品种和数量。菜肴过多，会导致厨房生产负担过重，厨师工作量过大，影响出菜速度，甚至会在销售和烹调时出现差错。另外菜肴过多可能会导致原料库存量增加，原料周转速度慢，占用流动资金过高；菜肴过多也会使顾客选菜时难以定夺，延长点菜时间，降低餐位周转率，影响餐厅利用效率。菜肴品种过少，会让顾客觉得选择余地不大或产生无菜可选的印象，所以要把握好度。

要保持菜单对顾客的吸引力，除了有风味特色鲜明的“独特性”菜肴外，还应根据季节补充一些新鲜的时令菜，或者换掉点击率和盈利率双低的菜肴，定期或不定期地补充新菜肴，通过对菜肴的调整来增加对顾客的吸引力。

2.1.4 零点菜单设计注意事项

1. 结合企业经营定位

企业定位是企业根据自身资源、实力（经济实力、技术实力）和经营规模所确定的目标市场。餐饮企业定位不同，零点菜单设计也不相同。菜单设计时要考虑的因素包括餐厅地理位置和目标市场。根据企业定位，确定经营菜肴的范围，包括风味范围、价格范围、数量和品种范围。

2. 结合企业经营特点

餐饮企业的经营特点是指本餐厅与其他餐厅在档次、风格、风味等方面的差异，体现本企业的经营风格。菜单设计过程中，菜肴设计应明确自己的特色，如经营粤菜风味还是鲁菜风味，鲜明的主导风味，是菜单设计的主线；价格设计时应明确客户群体，是高收入群体还是普通工薪阶层；装帧设计时应明确菜单风格，菜单风格应当与餐厅装修风格一致，如装修风格偏向于中式古典，则菜单装帧风格也要体现古典气息，若装修风格是极简现代主义，则菜单装帧应简洁明了；品种和数量设计则应充分考虑厨房的生产能力、贮存能力、设备设施和销售预期等因素，防止出现产能、产量不足或超负荷运转的现象。

3. 结合企业综合资源

餐饮企业的综合资源是指企业的运转资金、餐厅档次、技术条件、设备条件、管理水平、生产能力、产品品质、服务质量和价格优势，以及企业社会影响力等多种指标构成的综合体。无论餐饮企业的综合资源是否优越，在进行设计零点菜单时都应考虑如下因素：

（1）扬长避短　菜单设计必须充分发挥餐饮企业的优势，规避企业短板，牢牢锁定目标顾客群体，在目标顾客群体所喜欢的风味菜肴上做好做足文章。

（2）合理盈利　企业经营的终极目标是利润，所以菜肴必须有一定的盈利空间。

（3）保证供应　菜单上的菜肴原料必须要保障供应，餐厅最忌讳的就是当顾客点菜时，服务员说：“不好意思，这个没有了”“不好意思，这个也没有了”。

（4）质价合一　菜肴质量始终如一是餐厅正常运营的保证。质量是餐厅的生命线，没有质量保障，优势也会转化为弱势甚至劣势；价格合理是顾客对菜肴的终极期望，优良的性价比和始终如一的菜肴质量是保障餐厅顺畅经营的前提。

（5）特色明显　菜单中始终有吸引顾客的独具特色的菜肴。特色菜肴可以是系列菜肴，也可以是某几个菜肴。独具特色的菜肴是经营的亮点，是招牌，因此设计菜单时要着力研究特色菜肴。

成功的菜单设计有助于维护良好的餐饮企业形象，维护公众对餐饮企业的评价。所以菜单设计需要鲜明而独特的风格，突显企业的优势，使企业的社会影响力和美誉度不断提升。

4. 零点菜点的检查

零点菜单设计完成后，一般需要检查复核，包括对菜肴的质价检查和品种检查。

（1）菜肴质价检查　主要围绕零点菜肴的销售价格、配比数量、装盘形式等方面，检查菜肴是否符合餐厅营销定位，是否符合目标顾客的消费预期；还要检查菜单中菜肴排列形式设计、菜肴结构分布是否合理，旺销菜肴的价格、数量设计是否适中等。

（2）菜肴品种检查　围绕餐厅规模、档次，对所设计的菜肴的数量、种类进行斟酌推敲，检查菜肴品种、数量是否与餐厅规模基本相符；后厨是否能够承担菜肴的制作任务，保证营销过程的顺利进行。

技能训练 1　单菜式零点菜单设计

（1）单菜式零点菜单品种、数量的确定　单菜式零点菜单是指以单个菜肴形式出现的菜单，菜单中每道菜都是一个主体，分别标注主辅料和价格。

单菜式零点菜单设计中，菜肴数量的确定跟餐别有很大关系。通常情况下，早餐的菜点数量相对较少，一般控制在10~20个品种；正餐是餐饮企业经营的主要方向，品种应适当多一些，给顾客相对多的选择，因此品种通常在60~80个比较合适。

单菜式零点菜单的品种类型应多样化，涵盖冷菜、热菜、汤菜、主食、点心和酒水等品种。各个品种之间的比例要尽可能合理，除酒水外，冷菜、热菜、汤菜、主食、点心的比例大约在2：5：1：1：1，这个配比相对合理，既可以使顾客有一定的选择空间，又不至于使企业的仓储、经营出现压力。

菜肴档次与酒店档次需吻合。菜单中高档、中档、低档的菜肴比例应适中，无论企业的规模大小，零点菜单的菜肴档次配比基本是固定的，高档菜肴（原料好、加工精）的比例控制在20%~30%，中档菜肴的比例控制在50%左右，低档菜肴的比例控制在20%~30%，这种搭配使不同消费能力的顾客都“有菜可选”。需要注意的是，同样的菜肴在不同档次的酒店所处的档位也不一样，如清炒虾仁，在高档酒店中可能属于中档菜肴，在中低档饭店中则属于高档菜肴，所以菜肴的档次设计取决于酒店的规模档次。

（2）单菜式零点菜单的菜式示例

凉菜类					
五香牛肉	38元	盐水虾	时价	葱油木耳	10元
虎皮凤爪	22元	酸辣黄瓜	8元	糖醋萝卜片	8元
卤水拼盘	48元	油炸花生米	12元		

热菜类					
地衣炒鸡蛋	28元	东坡肉	48元	雪菜烧黄鱼	48元
鱼香肉丝	28元	杭椒牛柳	38元	明炉风鹅	68元
八宝鸭	38元	回锅肉	28元	清蒸鳜鱼	时价
干锅鸡杂	48元	爆炒腰花	48元	酸辣土豆丝	12元
干锅虾	68元	石锅凤爪	38元	清炒时蔬	18元
汤泡老鸭	68元	香煎黄花鱼	58元	剁椒鱼头	98元

汤菜类					
青菜豆腐汤	18元	萝卜鲫鱼汤	28元	汽锅肚肺汤	48元
西红柿蛋汤	18元	酸菜肉丸汤	38元	山药排骨汤	48元
腰花汤	28元				

主食点心类					
葱油饼	8元	煎饺	18元	虾子阳春面	28元
豆沙饼	8元	奶黄饺	28元	瑶柱桂花饭	28元
吐司香芋卷	18元	雨花石汤圆	28元	扬州炒饭	48元
荔芋蛋黄饼	18元				

酒水饮料类					
雪碧	5元/听	鲜榨橙汁	38元/扎	5度陈酿花雕酒	48/瓶
可乐	5元/听	鲜榨玉米汁	38元/扎	8度陈酿花雕酒	88/瓶
王老吉	6元/听	52度小二锅头	10元/瓶（100毫升）		
果粒橙	10元/瓶				
椰汁	15元/瓶	52度大二锅头	78元/瓶（750毫升）		

技能训练 2　套餐式零点菜单设计

（1）套餐式零点菜单的概念　套餐式零点菜单是一个组合菜单，指就餐人数较少、餐标较低时的一种菜单，通常一个组合菜单对应一个餐标。这种套餐式零点菜单的就餐人数不足以按照桌餐的形式就餐，但是就餐者又不喜欢或不擅长点菜，此时就可以使用套餐式零点菜单为顾客提供服务，如3人套餐、4人套餐等。

套餐式零点菜单的优点在于：在顾客能够接受的范围（人数、价格、菜肴数量）内省去了点菜的时间，组配、出菜速度相对较快；缺点在于套菜菜肴搭配无法完全满足顾客对菜式或口味需求。

（2）套餐式零点菜单的内容示例

100元标准	150元标准
鱼香肉丝 红烧鲫鱼 清炒时蔬 铁锅豆腐 紫菜蛋汤 （以上菜肴可供2~3人食用）	红烧仔鸡 清蒸鲈鱼 青椒香干 上汤菠菜 冬瓜排骨汤 （以上菜肴可供2~3人食用）
200元标准	**300元标准**
糯米排骨 红烧带鱼 石锅凤爪 炒木须肉 抓炒猪肝 香菇青菜 素三鲜汤 （以上菜肴可供4~5人食用）	红烧猪脚圈 水晶虾仁 鱼香腰花 白菜牛肉 宫保鸡丁 上汤娃娃菜 榨菜肉丝汤 （以上菜肴可供4~5人食用）
350元标准	**400元标准**
青椒炒仔鸡 珊瑚映人虾 红烧鲢鱼头 金牌毛血旺 新派地三鲜 香菇小青菜 酸辣土豆丝 火腿冬瓜汤 （以上菜肴可供6~7人食用）	小炒黄牛肉 清炒芦笋芽 清蒸鲜鳜鱼 珊瑚映虾仁 麻辣水煮肉 咸肉烧河蚌 兰花干老鹅 玉米排骨煲 （以上菜肴可供6~7人食用）

2.2 宴会菜单设计

2.2.1 宴会的概念、类型

1．宴会的概念

宴会是人们为了社交的需要，根据计划进行的群体性聚餐活动。

2. 宴会的类型

宴会广泛出现在饮食生活的各个方面。由于宴请的对象、目的、时间地点等因素的不同，宴会的形式各异，名目繁多。按照社会属性，习惯上将宴会分为以下几种：

（1）家宴　家宴主要指参加宴会的人是一个家族内的人或是在家中宴请客人的宴会。家宴一般不是特别注重礼仪礼节，只讲究基本的礼仪形式。

（2）便宴　便宴又称为便餐宴，主要指日常生活中，同事、朋友之间因社会交往而举行的宴会，比较随意简单，气氛轻松活泼，可以不讲究宴会的礼仪礼节，注重的是宴会的过程。对于菜肴而言也没有完整的程式设计需求，多寡随意，丰俭由人。

（3）正宴　正宴又称为正式宴会，通常指在正式场合中举办的宴会。这类宴会讲究宴会规格的程序礼仪、讲究宴饮环境的气氛热烈、讲究宴饮气氛的排场隆重，因为场面正式而称为正式宴会，简称正宴。正宴的类型很多，根据规格可以分为普通宴会和国宴。普通宴会指在正式场合下因为某种特定社会目的而举办的宴会，如商务宴、庆功宴、送别宴、谢师宴、生日宴等。国宴是所有宴会中规格级别最高、礼仪最隆重的一种宴会，一般指国家元首或政府首脑为接待国外元首或政府首脑，或为国家庆典、重大国际活动而举办的正式宴会。

宴会分类多样，如按照宴会菜式可分为中式宴会、西式宴会、中西结合式宴会；按照礼仪可分为欢迎宴会、答谢宴会；按照食品属性可分为冷餐酒会、鸡尾酒会、茶话会；按照目的和主题可分为婚宴、寿宴、节庆宴、谢师宴、商务宴、仿古宴等。

2.2.2　宴会菜单的结构与作用

1. 宴会菜单的结构

宴会菜单分为一次性菜单和循环菜单两种，无论哪种形式的菜单，基本结构都相似。宴会菜单相对于零点菜单而言，菜肴的总体类别基本相似，但也有明显的区别。宴会菜单的结构大体包括冷菜、热菜、汤菜、点心四大类，主食、水果、酒水饮料等一般不列入菜单中。

宴会菜单中一般只有菜肴名称，没有价格标注，通常设计宴会菜单都是按照某个具体的餐标进行的，如100元/位、200元/位等；在菜单中会标注就餐人数，菜肴根据人数进行设计。

（1）冷菜　多数宴会菜单中的冷菜只出现一个总称，不会出现具体的冷菜名称，如精美八碟、淮扬六味碟等，有些高档宴会会将精美八碟的具体内容表达出来，这样可以让顾客了解八道冷菜的真实内容。个别酒店会将本店的特色冷菜或主盘冷菜在冷菜的总称后面单独标注，如精美八碟、熟醉闸蟹、淮扬六味碟、盐水鹅拼等。

（2）热菜　出现在菜单上的热菜没有规律可言，宴会部会根据酒店菜肴的畅销度、特色进行安排，一般情况下都会穿插旺销的菜肴和滞销的菜肴。热菜数量根据人数为10~12道（有些酒店采取比人数多一两道的形式安排热菜）。菜肴主要原料涵盖了大多数食材种类，主要

是为了搭配口味、健康营养。热菜设计会涉及多种烹调方法、多种调味形式、多种成菜类型，以期让顾客满意。

（3）点心　宴会菜单中的点心具有重要作用，有些酒店的菜单中只有一两道点心。点心的成熟方法没有固定要求，过去传统的酒店一般是以蒸制方法加工的点心为主，如果是两道点心，通常是一蒸一炸或一蒸一烤等，很少出现两道点心用同一种技法加工的。现在有些酒店为了节约成本，直接从市场采购半成品，炸一下或蒸一下就可以快速上桌。

（4）汤菜　宴会的汤菜有两层意思，一层是指成菜形式是汤的热菜，如清汤牛腩、一品鸡孚盅、仔排炖乳鸽等；另一层是指为主食准备的汤菜。本书所说的汤菜是第一层含义，即成菜形式为汤的菜肴。而主食配的汤菜有时是不需要的，如主食是阳春面、菜泡饭等，就不需要汤菜了。

宴会菜单里一般不列主食，在宴会快结束时，服务人员会主动询问顾客需要什么类型的主食。

水果也不列入菜单，大多数酒店会在顾客到达餐厅时将水果奉上，也有部分酒店举行宴会时会在餐后提供水果。

酒水饮料也不在菜单中，有的酒店会专门准备一个酒水单；有的酒店直接用一个插牌，印上酒水品种及价格；有的酒店在吧台提供酒水。

2．宴会菜单的作用

宴会菜单是厨房生产的指导书，在餐饮经营中起着重要作用。宴会菜单是沟通消费者与经营者之间的桥梁，是研究菜肴生产、改进菜单设计工作的重要资料。宴会菜单主要有以下作用。

（1）宴会菜单是宴会工作的提纲　开展宴会工作的前提是确定宴会菜单，一切宴会活动都要围绕宴会菜单开展。

（2）宴会菜单是消费与服务的桥梁　服务人员向顾客推荐宴会菜单，介绍菜肴和饮品，顾客和服务人员进行交流，确定菜单内容。

（3）宴会菜单影响宴会经营　一份合格的宴会菜单，是设计人员根据本餐饮企业的经营方针，经过认真的客情分析和市场需求制订出来的，目的是吸引目标顾客，创造利润。

（4）宴会菜单是宴会营销的重要手段　菜单设计时，可以将餐饮企业的名称、电话印在菜单上，还可以写上菜肴的主料、烹法、特色，配上彩图，以此来展现自己的特色，给顾客留下深刻印象。

2.2.3　宴会菜单设计的原则与方法

1．指导思想

宴会菜单设计的指导思想是组配合理、整体协调、丰俭适度、确保利润。

（1）组配合理　在设计宴会菜单时，既要考虑顾客的饮食习惯，又要考虑宴会的菜肴组合。宴会菜单不是单纯的菜肴叠加，而应突出菜肴组合的营养性与五味调和的统一性。

（2）整体协调　在设计宴会菜单时，既要考虑菜与菜的相互联系，又要考虑单个菜肴与整桌菜肴的相互作用。强调整体协调，意在防止顾此失彼。

（3）丰俭适度　设计宴会菜单时，应该正确引导顾客消费，以不浪费又保证吃好吃饱为度，倡导健康的消费观念和消费行为。

（4）确保利润　企业的终极目标是创造利润，设计宴会菜单时要做到双赢，既让顾客的需求得到满足，又能为本企业带来应有的利润。

2. 设计原则

（1）以顾客需求为导向　在宴会菜单设计中，需要考虑的因素很多，顾客的需求排第一。

1）了解顾客的目标期望。顾客举办宴会的目的各不相同，有人讲究品位，有人强调实惠，有人着意尝鲜等。

2）了解顾客的喜好和禁忌。出席宴会的顾客饮食方面会有不同的喜好与禁忌，如果在设计菜单前了解这些，有利于宴会菜肴种类的确定。如川湘人喜辣，江浙人偏甜等。了解顾客的饮食习惯，把一般性需要和特殊需要结合起来考虑，这样菜单的设计会更有针对性，效果更好。

（2）服务宴会主题　宴会主题不同，宴会菜肴的原料选择、造型、命名等方面也有区别，如“豆”与“斗”谐音，与人们祈求婚姻美满、幸福长久的意愿相违背，所以婚宴不用“炒四季豆”一菜。

（3）质价相符　宴会价格的高低，是确定宴会菜单菜肴质量高低的决定性因素，是宴会菜单设计的基本原则。宴会价格的高低，虽然不影响菜肴烹饪质量，但原料选用、配比、加工工艺、菜肴造型等方面都有不同。

（4）数质统一　数指组成宴会的菜肴总数；质指宴会菜肴每道菜的分量。一般来说，在总量一定的情况下，菜肴的道数越多，每份菜的量就越少，反之亦然。菜肴的道数多，并不意味着宴会档次高。宴会菜肴数量的多少应与参加宴会的人数及其需要量相吻合。在数量上，平均每人约吃到1千克左右食物。菜肴的数量应考虑两个因素：一是约定俗成，不同的宴会类型，在不同的地区、人群中有的形成了约定俗成的数量规定，目前餐饮企业经营的宴会，菜肴在10~20道的居多，二是根据就餐人数和对象确定菜肴数量，出席宴会的人数和对象不同，对宴会菜肴的数量需求是有差别的，一般情况下，青年人比老年人食量大，男性比女性食量大，重体力劳动者比轻体力劳动者食量大。

影响宴会菜肴数量设计的因素很多，且各有不同，调控的关键是，数量多少以够食用而不浪费为原则。

（5）膳食平衡　一方面要提供膳食平衡所需的各种营养素；另一方面选择合理的加工工艺制作菜肴。宴会菜肴应该是美味与营养的有机统一，要设计最合理的加工工艺流程使美食与营养兼顾。

此外，菜单设计还要充分考虑原料的市场供应、餐厅生产设备和厨师技术水平等条件，菜单应当有明确的风味指向性，以彰显宴会的风味特色。

3．设计方法

设计宴会菜单的过程，分为设计前的信息分析、设计过程中的菜肴设计和设计后的检查三个阶段。

（1）设计前的信息分析　着手进行宴会菜单设计之前，必须先做好与宴会相关的信息分析研究工作，以保证菜单设计的可行性、针对性。信息分析主要通过面洽、电话、信函、电子邮件等进行询问，了解和掌握与宴请活动相关的情况，信息越具体，设计就越有针对性，越能与顾客的要求相吻合。

宴会的信息主要包括：宴会的性质；主办人或单位；宴会用餐标准；出席宴会的人数或席数；宴会的时间（设宴日期、宴会开始时间）；宴会的类型；宴会的菜式要求；出席宴会宾客的风俗习惯、生活特点、饮食喜好与忌讳，有无特殊需要；结账方式等。

对于高规格的宴会或大型宴会，除了以上信息外，还应掌握更详尽的宴会信息，包括宴会的主题和正式名称；宾客的年龄、性别、人员构成情况；主办人或主办单位对宴会活动内容、形式及程序的安排；对礼宾礼仪的要求；是否需要席次卡、座位卡、席卡；对设施设备、环境布置的要求，以及其他特殊要求等。

综上，分析研究的过程是一个协调餐厅与顾客关系的过程，是为有效地进行宴会菜单设计解答疑惑，明确设计目标、设计思想、设计原则和掌握设计依据的过程。

（2）设计过程中的菜肴设计　宴会菜单设计过程中主要针对宴会目的进行菜肴选择和组合。

1）确定设计目标。目标是宴会菜单期望实现的状态，用一系列的指标来描述宴会菜单的目标状态就构成了指标体系。如构成宴会的菜品，要用原料、成本、工艺要求、质量、价格等一系列技术和经济指标来表述。所以，宴会菜单设计目标的确定，就是要从这些指标体系中挑选出最能反映本质特征的指标，只有这种指标体系才能反映宴会菜肴的整体特性，体现目标的全部意义。宴会菜单设计目标是一个分层次的目标体系结构，即核心目标下有几个层次的二级目标。各个层次的指标相互联系、相互制约，共同反映宴席菜肴的整体特征。确定宴会菜单设计的核心目标，在二级目标中落实一级目标，构建二级目标体系，这里介绍一种常用的方法。

首先，一级目标应是由宴会的价格、宴会的主题及菜肴风味特色共同构成的。如春暖花开的季节，海南某酒店承接了29席单价1888元的结婚宴会任务。此宴会菜单设计的一级目标应确定为：主题为婚宴；席数为29席；标准为1888元/桌；风味为粤菜；季节为春季。

其次，二级目标在一级目标基础上进行优化，按照主次、从属关系来决定。所以，二级目标可以确定为反映菜式结构的宴会菜肴格局。中式宴会菜肴的构成模式有多种，比较常见的是由冷菜、热菜、甜菜、点心、水果五个部分组成的。有些地区将热菜分成炒菜和大菜两类；有的将汤菜单独列出；有的地区甜菜作为热菜来看待，将其纳入大菜中；也有的将主食与点心分开单列；还有的在五个部分之外再加上美酒香茗等。当然多数地区有相对固定的宴会格局，如淮扬风味宴会菜肴格局由冷菜、热菜、点心、主食、水果五个部分组成；广式宴会菜肴格局则由开席汤、冷菜、热菜、点心、水果五个部分组成。

有了宴会菜肴格局，接着就可以确定二级目标的具体内容，即各部分菜肴组成的总的菜肴数量、荤素比例、味型种类和成本比重。以菜肴道数为例，冷菜有主拼加围碟，或不同个数的单碟（一般8个）、对拼（一般4~6个）、三拼或四拼（一般3~4个）等不同形式；炒菜一般有2~4道；大菜一般6~10道；甜菜有1~2道；水果是1道拼盘或各客拼的形式。不管选用何种组合方式，确定每一部分菜肴的数量及相互间的均衡，是二级目标的中心，有时可以作为三级目标看待。

随着具体菜肴的确定，需要对二级目标中的具体菜肴做进一步分解细化。作为单个菜肴，其目标构成包括菜的名称、原料种类、原料数量及构成比例，烹饪加工方法及其标准，成品质量风味，菜品成本等，也可以看成四级目标。

建立目标体系对于宴会菜单设计而言相当重要，只有确立了明确的目标，才能实现期望的状态。建立目标体系可以通过不同的方式，但有两条原则应该遵循：一是筛选目标，尽量减少目标的数量；二是分析目标，通过对目标重要性的分析，找出“应该达到的”和“期望达到的”两类目标，按照轻重关系有序排列。

2）确定菜肴组合。如何从丰富多样的菜肴中挑选出合适的菜，把它们有机地组合起来形成一套完整的宴会菜单，需要在宴会菜单设计原则的指导下，围绕宴会菜单目标体系，寻找最佳组合方法。以下介绍常用的几种组合方法。

①围绕主题选菜。宴会主题确定后，菜肴选择随之确立，包括原料、加工工艺、色彩搭配、造型形式及菜肴的命名，如婚宴中菜肴“鸿运当头（剁椒鱼头）”，此菜装盘时，用红色剁椒均匀覆盖在鱼头上，这样的色、形、意与“鸿运当头”的寓意很是贴切。

②围绕价格选菜。菜肴价格直接决定菜肴的用料。菜肴组合时，要围绕宴会的价格标准，选用不同价格水平的原料制作，根据价格，结合顾客需要，综合菜肴搭配、烹调方法、味型等因素选择。

③围绕风味选菜。风味是由菜肴反映出来的一种倾向性特征。如江浙宴会主导风味是清淡平和，川湘宴会主导风味是麻辣鲜香，闽粤宴会主导风味是清新华丽，京鲁宴会主导风味是醇厚质朴。要选择最能反映主导风味的菜肴，围绕风味选择“和而不同”的其他菜品，这

是围绕风味选菜品方法的基本含义。

④围绕主菜选菜。所谓主菜指在宴会菜肴中能够起支撑作用的菜，习惯上也称为主干菜。以大菜为例，其主菜包括头菜、二菜、甜菜和座汤四种菜。在设计宴会菜单时，要根据头菜的规格标准选择其余几个菜，这样完成了大菜部分的设计。在组合设计时，需要注意荤素菜肴的比例和宴会习俗。如有些地方的婚宴必须有全鸡或全鸭，有些地方则有“无鱼不成席”的习俗等。

⑤围绕季节选菜。应时当令的菜品是满足顾客尝新、尝鲜欲望的调节器，是宴会菜品引人注目的部分。当然，宴会的菜肴不必都是时令菜，但在不同类别的菜中应见到时令菜。如春季时以时令原料制作的时令菜肴，应该成为宴会菜肴选用的对象，组合到冷菜、热菜、点心中去。选用时令菜时，要把一段时间内品质最鲜嫩肥美、货源紧俏、价格高的时令菜放到高档宴会菜单中，而货源较为充足时，时令原料做成的菜品应放在普通宴会菜单中。

⑥围绕特色菜选菜。特色菜是宴会菜单中的点睛之笔。有些宴会菜品，每一款都很不错，顾客也挑不出什么毛病来，但吃过之后不能给顾客留下深刻的印象。究其原因就在于每道菜都好，但都是一般意义上的好，没有什么特色。宴会菜肴中的特色菜，可以是一道，也可以是两三道。如某周年庆典宴会的菜单中，“八宝雏凤”是最有特色的菜，它打破了一般以成年母鸡为原料的常规，而用生长才15天的雏鸡，整料去骨，然后填入八宝馅料蒸炖成菜，其原料的独特性、味道的独特性，使其成为所有菜肴中最超乎意料的菜，给赴宴者留下了深刻的印象。

⑦菜点协调相辉映。从宴会菜品的构成来看，组合模式大都以菜肴为主，这种模式下，强调以菜为主、点心为辅、菜点协调的组合方法更受欢迎。以菜为主、以点为辅，即菜肴是主体部分，点心是从属部分；菜点协调，强调菜点虽然主从有别，但却互为衬托，交相辉映。“无点不成席”，没有点心的宴会菜肴结构是不完整的，况且点心在制作、造型、表现宴会主题、适应宴饮习惯等方面都有着菜肴无法替代的作用。

至于点心全席，著名的有西安饺子宴、上海城隍庙点心宴、南京秦淮河小吃宴、扬州包子宴等，这类宴会菜肴的设计原则、设计方法与以菜为主的宴会具有共通性，在此不再赘述。

⑧把握顾客喜好选菜。在宴会菜肴设计时，要把顾客对菜肴的喜好作为导向。要考虑喜好的共性与个性，在两者不冲突，特别是不影响共性的情况下，要兼顾个性。按照这样的思路选菜，一定会让顾客满意。在高规格的宴会菜单设计中，如果主宾有特殊喜好，在不影响其他赴宴人的情况下，可采用适应主宾的设计；如果主宾的特殊喜好影响其他赴宴人，应采用专门设计的方法，选用一两道主宾特别喜欢的菜肴供其专用。

以上介绍的几种组合选择菜肴的方法，在宴会菜单设计中，可以单独应用，也可以综合应用。宴会菜单及其菜肴组合复杂多变，设计方法也不是一成不变的，在实践中，还会出现更适合、更实用的方法。

3）确定宴会、菜肴的名称和菜目编排顺序与样式。

①确定宴会名称。宴会名称应遵循“主题鲜明、突出个性”的原则。

喜庆类宴会的名称有的质朴，不加缀饰；有的采用比拟、附会的方法命名。如婚宴可称为“天赐良缘宴”“百年好合宴”等；寿宴可称为“千秋宴”；庆祝升学则可以命名为“琼林宴”“谢师宴”“金榜题名宴”等。

商务宴会的名称一般比较吉利，以符合商人祈顺利、讨口彩的心理，如“生意兴隆宴”“事事如意宴”“恭喜发财宴”等。

节令宴会的名称一般比较简朴，如“新年招待会”“重阳宴”等。有的会和游戏活动结合起来命名，如“元宵赏灯宴”“赏荷宴”“赏月宴”等。

特色宴席一般为显示个性，宴会名称都比较特别。有的突出名特原料、名菜和地方特色，如“扬州三头宴”“南通刀鱼宴”“西安饺子宴”“淮安长鱼宴”“洛阳水席”“四川田席”等；也有兼及古今的仿古宴会，如“满汉全席”“仿唐宴”“孔府宴”“红楼宴”等；有突出菜点造型的宴会如“西湖十景宴”“西安八景宴”等；有突出宴会场所和环境特色的宴会如“太湖船宴”“秦淮河船宴”等。

宴会名称种类很多，命名方法也有多种，或雅俗，或庄谐，或巧拙，或简繁，各呈风采。但无论确定什么样的宴名，都应与宴会主题、宴会特色相符合。

②确定宴会菜肴名称。菜肴名称的确定原则是雅俗得体，名实相符。方法有如下三种。

一是质朴式命名法，即看到名称就基本知道菜肴、点心的类别及其菜形，如某宴会菜单中菜肴名称为：“花色八冷盘、茉莉鸡糕汤、闽南佛跳墙、黑椒煎牛排、小笼蒸两样、龙须扒时素、清蒸鲜鳜鱼、桂圆杏仁茶、时令水果拼”，菜名质朴无华，菜式内容一目了然。

二是隐喻式命名法，利用菜肴点心某些方面的特征，借助谐音、比喻、夸张、借代、附会等文学修辞手法拟构的。这种命名法应用在特定主题的宴会菜单菜名中，使菜肴、点心的名称与宴会主题相契合，这些名称往往含有祝福、祈富、求贵、吉祥、喜庆、兴旺的意思，读起来令人舒心怡神，如红枣花生莲子羹命名为“早生贵子”。

三是拙巧相济命名法，拙为质朴，巧为隐喻，两者结合，拙巧相济，别具一格。如婚宴菜单中的“金玉满堂辉”“清蒸双喜斑”等。

③确定菜目编排顺序与样式。菜目的编排顺序有两种：一是按照菜肴上席的先后顺序依次排列，二是按照菜点的类别和上席先后顺序编排。如冷菜→热菜→甜菜→点心→水果的排列顺序。这种菜单纲目分明、类别清楚。

菜目的编排样式要讲究美观。若是手写体，应字体规范，醒目分明，易于辨读，匀称美

观。若是印刷体，菜单字体、字号要适中，让人在一定的视读距离内一览无余，看起来疏密有度，整齐美观。宴会菜单中的菜目有横排和竖排两种，竖排有古朴典雅的韵味；横排适应现代人的阅读习惯。

（3）设计后的检查　宴会菜单设计完成后的检查分两方面：一是对设计内容的检查，二是对设计形式的检查。

内容检查主要包括菜单内容是否与宴会主题符合；是否与价格标准或档次相一致；是否能够满足顾客的基本要求；菜点数量、质量是否有保证；风味特色是否具有丰富多样性；有无违背宴会主题的忌讳食物；有无不符合卫生与营养要求的食物；原料是否能保障供应，是否利于烹调操作和服务操作。

形式检查包括菜目编排顺序是否合理；编排样式是否布局合理、整齐美观；是否和宴会菜单的装帧及艺术风格相一致，是否和宴会厅风格相一致等。

在检查过程中，有问题的地方要及时改正，有遗漏的要及时修补。宴会菜单设计完成后，一定要发顾客过目，征求意见，得到认可。

技能训练 3　寿宴主题菜单实例

主盘：松鹤延年

凉菜：八仙过海（八道凉菜五荤三素）

热菜：鸿运高照（片皮烤鸭）　福如东海（冰糖甲鱼）　年年有余（焙面鳜鱼）
吉祥如意（如意火腿）　万年常青（香菇菜胆）　泽惠子孙（竹荪鱼圆）
寿比南山（百合南瓜）　余荫昌盛（萝卜酿肉）

点心：齐眉祝寿（寿桃寿面）

甜品：合家团圆（奶香汤圆）

技能训练 4　中华美食群英荟宴席菜单实例

凉菜：江南八味碟

热菜：白灼斑节虾　金牌牛肋骨　蒜蓉蒸青蟹　肉末烧辽参
雀巢掌中宝　白灼广芥蓝　文思豆腐羹　清炖狮子头
鸡汁煮干丝　双麻煎鸭方　大烧马鞍桥　拆烩鲢鱼头

主食：扬州蛋炒饭

点心：淮扬三丁包　烤黄桥烧饼

甜品：甜酒酿元宵　时令水果拼

技能训练5　商务宴会菜单实例

风传萧寺香（佛跳墙）　云腾双蟠龙（炸明虾）　际天紫气来（烧牛排）
会府年年余（烙鳕鱼）　财运满园春（美点心）　富岁积珠翠（西米露）
鞠躬庆联袂（冰鲜果）

技能训练6　中式冷餐会菜单实例

冷菜： 五香牛肉、酸辣黄瓜、盐水鸭脯、叉烧肉方、炝鲜笋条、脆皮烧鹅
素烧皮鸡、红油鸡丝、蒜泥海带、醋香海蜇、桂花糖藕、四喜烤麸
热菜： 酥炸黄鱼、五彩虾仁、红焖小排、香菇菜心、宫保鸡丁
点心： 生煎肉包、萝卜丝酥、油炸春卷、蟹黄蒸饺、扬州炒饭、肉丝炒面
甜品： 冰糖银耳、枣泥汤圆、藕粉圆子
杂粮： 清水玉米、自剥芋头、红豆馒头、杂粮窝头
水果： 香甜西瓜、奶油香蕉、福建木瓜、巨峰葡萄、富士苹果、应时草莓
酒水饮料： 白酒、啤酒、葡萄酒、鲜果汁、酸奶

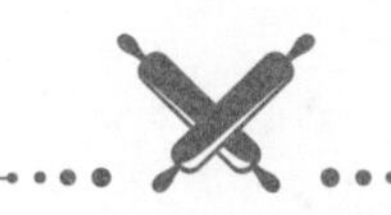

复习思考题

1. 零点菜单有什么特点?
2. 零点菜单有哪几种结构?
3. 简述零点菜单的设计要求。
4. 宴会菜单有哪几种类型?
5. 简述宴会菜单设计的原则和方法。
6. 试设计一份婚庆宴会菜单。

项目 3

菜肴制作与装饰

菜肴制作与装饰

- 菜肴制作
  - 菜肴体系的构成
  - 菜系的形成
  - 山东菜系的风味特点
  - 淮扬菜系的风味特点
  - 四川菜系的风味特点
  - 广东菜系的风味特点
- 位上冷盘的制作
  - 位上菜肴的概念、分类
  - 位上冷盘的制作手法
- 餐盘装饰
  - 餐盘装饰的概念、特点、原则
  - 餐盘装饰的构图方法

3.1 菜肴制作

3.1.1 菜肴体系的构成

我国菜肴体系的构成十分丰富，不同的分类体系有不同的构成内容。按区域分有菜系、地方风味等；按原料分有水产类、禽畜类、果蔬类等；按民族分有汉族菜、满族菜等，按社会形式分有宫廷菜、官府菜、寺院菜、民间菜、市肆菜等。当然，不同类别的菜肴，其特色也不完全独立，它们之间相互交融，相互渗透，只是分类的主线不同。

我们以社会形式分类为例，通过对其特色的了解，来掌握我国菜肴的构成特色。

（1）宫廷菜　宫廷菜是过去皇室所用的馔肴，现在只有根据记载保留下来的部分菜点。宫廷菜的选料严格，时间、场合的不同，选择的原料也不一样，最好的原料都可任其挑选，为烹饪提供了较大的材料选择空间；烹饪精湛完美也是宫廷菜的特色，宫廷中的厨师，都是在全国挑选出来的顶尖厨师；宫廷菜制作时分工细、管理严、要求高，每一道菜点都要达到最佳效果。所以宫廷菜给我们留下的印象是肴馔精美。

（2）官府菜　官府菜是过去官宦之家所用的馔肴，特点是用料广泛、制作奇巧、变化多样。官宦之家经常相互斗势，菜点的制法也成了斗势的内容之一，饮食程序也没有宫廷菜那么多的制约，所以官府菜除了争斗豪华的目食耳餐之外，还有许多奇巧和变化的菜点，孔府菜、谭家菜便是官府菜代表。孔府菜中的“花篮鳜鱼”“油泼豆莛”，谭家菜中的“黄焖鱼翅”“清汤燕菜”等都是制作奇巧的菜品代表。

（3）寺院菜　寺院菜泛指道家、佛家宫观寺院烹饪的以素为主的馔肴。寺院菜的特色是就地取材，擅烹蔬菽，以素托荤。寺院一般都在僻静的山中，交通不便，原料以寺院周围的果蔬野菜或自制的原料为主，如泰山的斗姆宫，民间谚云:“泰山有三美，白菜豆腐水”。但他们可以素菜荤做，利用素的原料做成鸡、火腿、鱼的形态，巧妙利用调味技术，使菜品达到以假乱真的效果。袁枚在《随园食单》中有：“扬州定慧庵僧能将木耳煨二分厚，香蕈煨三分厚”；“朝天宫道士制粉团、野鸡馅极佳”，说明寺院的烹饪水平相当高。

（4）民间菜　民间菜指乡村、城镇居民家庭日常烹饪的馔肴。民间菜是我国菜肴的主体，其特点是取材方便、制作简便、调味适口、朴实无华。民间菜的选料范围一般都在某个区域之内，靠海的以海鲜为主，靠河湖的以淡水河鲜为主，内陆地区以禽畜为主，所谓“靠山吃山，靠水吃水”，原料的地方特色很明显。调味方面也根据各地方的气候、环境、习俗等自我调节，因此形成我国菜品的主要风味特色。

（5）市肆菜　市肆菜指餐馆菜，是饮食市肆制作并出售的馔肴的总称。市肆菜的特色是技法多变、品种多样、变化繁多、适口性强。市肆菜的构成既有民间菜、官府菜，也有宫廷菜、民间菜，在风味上也有较强的包容性，除以本地方的特色为主外，还兼有其他地方的特色菜品，以适应不同顾客的需要。市肆菜馆的经营有品种专一化倾向，有专门的包子店、鸭子店、素菜店、羊肉店等；服务上有形式多样化趋势，既有门店服务的专业厨师，也有提供上门服务的专职厨师，展示了市肆菜经营的灵活性、多样性。

此外还有民族菜，少数民族的风俗习惯和宗教信仰，形成了民族菜的特色。

3.1.2　菜系的形成

1. 菜系的概念

所谓菜系，是指在一定自然条件和社会历史条件下，长期形成的自成体系的在国内外影响较大并得到公认的地方菜。

菜系的形成主要在于菜肴的地方风味差异上。风味差异一般包括两个方面，一是具象差异，又称表现实体上的差异，即选用地方特色明显的原料烹制带有地方特色口味的菜点；二是抽象差异，又称表现风格上的差异，如江苏菜的精致、四川菜的粗犷；还可以表现在具体的口味上，如江浙的清淡、川湘的麻辣、京鲁的咸鲜、闽粤的淡雅等。

2. 菜系的成因

在一定区域内，菜点烹制手法、原料使用范围、菜肴特色等方面会出现相近或相似的特征，因而自觉或不自觉地形成烹饪派别或区域差异。

（1）地域物产的制约　不同地域的气候、环境不同，出产的原料品种也有很大的差异，沿海盛产鱼虾，江苏、浙江、福建、广东等擅长烹制水鲜海产。内地禽畜丰富，湖南、湖北、安徽、四川、陕西等对家禽制作精细。三北地区畜牧业发达，牛羊肉长期充当餐桌主角。总之，一方水土养一方人，地理环境和以乡土为主的气候特产就成为许多地方流派形成的先决条件。

（2）政治、经济与文化的影响　菜系的形成与政治、经济、文化的关系十分密切。如扬州在隋唐时就是交通枢纽、盐运的集散地，商人和大批名厨云集此地，推动了该地域淮扬风味流派的形成。清代，扬州的经济、交通、文化都相当发达，是淮扬菜发展的又一个顶峰，奠定了淮扬菜成为全国主要菜系的基础。

（3）民俗和宗教信仰的束缚　我国地广人多，素有“百里不同风，千里不同俗”之说。不同的风俗及其嗜好反映在饮食习尚方面尤为明显。

《清稗类钞》中记述了清末饮食风俗:“食品之有专嗜者，食性不同，由于习尚也。则北人嗜葱蒜，滇黔湘蜀嗜辛辣品，粤人嗜淡食，苏人嗜糖。”至今各地仍然保留这种习俗。

（4）菜系形成的主观因素　首先是地方烹饪大师的开发创新，地方风味形成与地方烹饪

大师的开发、创新能力密切相关。其次是消费者的喜爱，菜系有区域性，消费者对菜点认可最集中的区域，也就是菜系划分的范围。当地群众对本地菜的深厚情感，是一个地方风味流派赖以生存的肥沃土壤。

3．传统四大风味流派发展嬗变及其特色

我国古代并无菜系概念，俗称“帮口”。所谓帮，是指饮食行业中从业人员的地方性，成为行帮；所谓口，是指口味，也即风味特色。如过去扬州“三把刀”声名在外，扬州人在外乡以庖厨为业者不少，为了获得认可，总要集合一帮人共同努力，于是就形成了扬帮；而由扬帮厨师烹制的扬帮风味菜就称为扬帮菜或淮扬菜，其他各帮亦然。

菜系之说据传始于20世纪50年代，当时的商业部领导接见国际友人时说，中国有四大菜系，黄河流域及以北地区属于鲁菜系；长江中上游地区为川菜系；长江中下游地区为淮扬菜系；珠江流域为粤菜系。到了70年代，商业部组织编写《中国菜谱》时，重提四大菜系之说，此后一直沿用至今。

菜系是一个大的概念，菜系里面又包含了许多地方风味，如果以省级作为地方风味等级单位的话，则每个地方风味里面又包含了若干个区域流派，表现出来的菜点特色更是丰富多彩。限于成书要求，我们很难对我国的所有地方风味菜点特色进行归纳和总结，只对传统四大菜系及其风味流派进行介绍。

3.1.3 山东菜系的风味特点

山东菜系，简称鲁菜、山东菜，在四大菜系中历史最悠久。因其悠久的历史，广泛的影响，成为我国饮食文化的重要组成部分。山东依山傍海，物产丰富，地域优势明显，为山东菜系的形成提供了良好的条件。

山东菜烹调技法全面，精于用料，尤擅调味，技法以爆、炒、烧、塌为主，皆具特色。短时间完成烹饪，不仅口感好，更重要的是营养素损失少。山东菜尤擅于制汤，汤有清汤与浓汤之别，汤清则见底，汤浓则似乳。烹制海鲜是山东人的特长，堪称山东菜一绝。

调味方面山东菜特色更是明显。山东菜的调味以纯正醇浓为主，注重突出单一调味品的风味，调味时多以某一种调味品的风味为主体，同时配以适合的辅助口味，使菜肴形成层次十分明显的口味特色。如在咸味方面，以咸味为主，可形成香咸、鲜咸、酱咸、五香咸等区别；在鲜味方面，以奶汤或清汤的鲜味为主，辅以少量味精、鸡精等鲜味剂；在酸味方面，以突出酸香为主，但不单独使用，一般与糖或香料配合使用，使酸味更加协调；在甜味方面，拔丝、挂霜是山东菜常用的甜菜调味法，使甜味更加突出、纯正；在香辣味方面，则重用葱、姜、蒜，尤其以葱烧、葱爆、葱熗、芫爆最具特色。

随着经济发展，山东菜逐渐形成了济南、胶东和孔府菜三个流派，分别代表着内陆与沿海的地方风味。济南菜取料广泛，高至山珍海味，低至瓜果时蔬，讲究“一菜一味，百菜不重”。胶东菜则以烹制海鲜见长，以烟台为代表。孔府菜源于曲阜孔府，菜肴历史悠久，用料讲究，制作精细，火候严格，口味讲究清淡鲜嫩，软烂香醇，原汁原味。

山东菜中的名菜很多，如九转大肠、诗礼银杏、葱烧海参、招远蒸丸、花篮鳜鱼、芫爆海螺等。

3.1.4 淮扬菜系的风味特点

淮扬菜系简称淮扬菜，其中“淮”指江苏淮安一带，“扬”单指江苏扬州；整个淮扬菜系是淮安、扬州风味菜的总称；淮扬菜系中又以扬州菜为代表。

淮扬菜的口味特征是淡雅平和，醇和宜人，所以调味料的特色也以此为主，如“淮盐”“镇江香醋”“太仓糟油”“苏州红曲”“南京老抽”，以及扬州“三和四美酱油”、泰州“小磨麻油”“桂花卤”“玫瑰酱”等当地名品。此外，厨师们还擅于调配各种复合味，如“花椒盐”“葱姜汁”“红曲水”“腐卤汁”“五香粉”“浓姜汁”“蒜泥油”“麻酱汁”等。辣味在淮扬菜肴中并不是绝对没有，只不过不以辣味为主，而是起调节和辅助作用。淮扬菜特别注重咸鲜味和咸甜味的调配，虽然调味品种不太复杂，但强调层次分明，有的先甜后咸，有的先咸后甜，有的甜咸交错、回味微辣，再加上葱、姜、蒜的配合，就形成了清淡平和、咸甜适中的风味特色，最大限度地保留了原料中的本味。淮扬菜的另一个调味特色是注重用汤，一是注重本味汤，就是突出某种单一原料的原汁原味，淮扬菜擅长炖、焖，炖焖时要采用砂锅、焖罐等炊具，而且锅盖要封严，防止汤味流失；二是复合汤味，选用火腿、鸡肉、蹄膀等原料一起炖焖成浓汤，使汤味更浓并集多味于一体。当用于高档宴席时，还需要对汤进行深加工，也就是行业中的三吊汤技术，它是在原汤的基础上，分别用鸡骨、鸡脯、鸡腿进行三次吊汤，使汤汁清澈见底、醇厚爽口，也称“七咂汤”，表示汤汁回味绵长，是淮扬高档宴席中不可缺少的重要调味料。

淮扬菜中名品繁多，清炖蟹粉狮子头、软兜长鱼、拆烩鲢鱼头、水晶肴肉、文思豆腐、三套鸭、大煮干丝、大烧马鞍桥、金陵鸭馔、梁溪脆鳝、霸王别姬、羊方藏鱼、红烧沙光鱼等都是淮扬菜的经典代表。

3.1.5 四川菜系的风味特点

四川菜系简称川菜，历经了春秋至秦的萌芽期，到两汉时期形成了早期川菜的轮廓。两宋时期，川菜跨越了巴蜀疆界，进入中原。明清时期，川菜引进辣椒调味，巴蜀“尚滋味，好辛香”的调味传统有了进一步拓展。晚清以后川菜逐渐形成一个地方特色明显的菜肴体系，成为四大菜系之一。

“味在四川”的美誉让世人认识和理解川菜及川菜的调味，川菜发展过程中形成了用料广博、味道多样、适应面广三个显著特征。

丰富的调味料与当地丰富的物产是分不开的。常用的优质调味品有：自贡井盐、阆中保宁醋、郫县豆瓣、茂汶花椒、永川豆豉、涪陵榨菜、新繁泡辣椒、金条海椒等，为变化无穷的川菜调味提供了物质基础。川菜在调味时十分注重各种调味料的有机组合，从而形成了层次有序、回味无穷的多种复合味型。常用的就有四川首创的口感咸鲜微辣的家常味型、咸甜酸辣香兼有的鱼香味型、甜咸酸辣香鲜十分和谐的怪味味型，以及表现各种不同层次、不同风格的咸辣味型。此外，还有突出香味的酱香、五香、甜香、糟香、烟香等复合香味型，荔枝味、蒜泥味、姜汁味也是川味特色。川菜在烹调方法中常用煸炒的方法，其特点是不换锅、不滑油，其目的是使原料外表失去部分水分，既增加干香味感，又有利于吸收调味卤汁，表面上看是一种加热成熟的方法，实际上也是调味的一种手法。

四川菜的味型多，体现在具体菜肴上可谓一菜一格、百菜百味；主体以麻辣为显著特色，同时清、鲜、醇、浓并重。

川菜的烹饪方法多种多样，菜点由宴席菜、便餐菜、家常菜、三蒸九扣菜和风味小吃五个部分组成。技法的多样性成就了品类众多的特色川菜菜点。许多技法为川菜独创，如小煎小炒、干煸干烧等方法制作的菜肴都别具一格。小炒之法，不过油、不换锅、临时对汁，急火快炒，一气呵成；干煸之法用中火热油，将丝状原料不断翻拨煸炒，使之脱水，成熟干香；干烧之法，用中火慢烧，使有浓厚味道的汤汁渗透于原料之内，自然收汁，醇厚味浓。

关于川菜内部风味的划分，稍有争议，比较常见的是三派论，是在已有定论的上河帮、小河帮、下河帮的基础上，规范化完整表述为：上河帮川菜即以川西成都、乐山为中心地区的蓉派川菜；小河帮川菜即以川南自贡为中心的盐帮菜，同时包括宜宾菜、泸州菜和内江菜；下河帮川菜即以重庆江湖菜、万州大碗菜为代表的重庆菜。三者共同组成川菜三大主流地方风味流派分支菜系，代表着川菜发展最高艺术水平。

川菜常见代表菜有宫保鸡丁、鱼香肉丝、麻婆豆腐、开水白菜、干烧鳜鱼、回锅肉、樟茶鸭子、鸡豆花、夫妻肺片、灯影牛肉等。

3.1.6　广东菜系的风味特点

广东菜系简称广东菜、粤菜，用料广泛是其最大的特色，就菜肴使用的主要原料而言，既讲究生鲜又特色明显。另外，丰富的调料也是广东菜的一大特色。除了传统的调味料如沙茶酱、蚝油、鱼露、老抽、橘油、扁米、椰子汁、柠檬汁、豉汁等调味料外，近年来还吸收了西餐中一些调味料的做法，如喼汁、烧烤汁、卡夫奇妙酱、牛尾汤、沙律酱、柱侯酱、OK酱、避风塘口味等。广东菜的调味方法与其他菜系有明显区别，首先，广东菜常将各种调味品调成针对性很强的调味汁，直接应用到某个具体菜品中，如卤水汁、烧烤汁、燔骨汁、煎封汁、西汁、蒸鱼汁、沙律汁、姜酒汁、果汁等，它们都是经过调配的混合味汁。此外，蒸菜在广东菜中占有较大的比重，对海鲜原料蒸制时，常将蒜泥作为突出调味料；对畜肉类原料蒸制时，常突出豉汁的风味。在制作冷菜时，卤水风味是其特色之一。

在广东菜系中，按地域自然形成了三个地方风味——广州菜、潮州菜、东江菜。

广州菜包括南海、番禺、顺德、中山等地方区域流派的菜，主要影响遍及珠江三角洲、西北江流域、雷州半岛和海南岛等地。广州菜的主要特点是兼收并蓄，相互交融，技艺精良，善于变化。广州菜技法多样，主要有炒、煎、焗、焗、炆、煲炖、扣等。

潮州菜的形成和发展源远流长。早在盛唐时期，诗人韩愈被贬至潮州，就曾写过《初南食贻元十八协律》的诗，诗里就描述了潮州人的数十种异食，并懂得对腥臊之物调以咸、酸之味，可见，其时潮州能利用当地的海产烹调且能懂得用椒、橙等做作料，反映出潮州菜善于调味、注重调味的特点。潮州东南濒海，平原内江河纵横交错，天然和养殖的水产品异常丰富，得天独厚的资源条件造就了潮州菜的海鲜为主的特色。同时潮州菜也具有田园风味，瓜果入馔品种繁多。潮州菜的技法独特，常见的有炆、炖、煎、炸、炊、烤等，以炆、炖见长。

东江菜又称客家菜，客家源于汉人南迁。东江乃珠江水系的东支，源自江西南部，因在广东东部，故名东江。所谓客家人，是指古代从中原迁徙而来的汉族人，因中原动荡，战乱频繁，使得当地居民流离失所，结队南逃，先后在江西、福建、安徽等地定居，后又逐步迁移到广东东部及其他地区。为区别于当地居民，这部分外来的远客就被称为客家人。在东江，客家人其实是主人，而不是客人，因为这些客家人是整村整族迁移，定居后反客为主，他们的生活习俗不易被同化，反而同化了不少本土人。他们的饮食风格也保留了中原传统特色。在广东的三个地方风味菜肴中，只有客家菜没有经过“汉粤融合”阶段，因为客家人所居之地的地理条件和物产与东江地区颇为接近，长期以来形成了相似的特点，加之在较长时间内因交通阻塞与外界接触少而自成体系。东江菜主料突出，讲究浓香，菜肴多保留中原地区的特色，具有浓郁的乡土风味。东江菜技法以炖、烤、焗见长，至今仍保留一些古代风貌的烹饪技法，如酒焗法。

广东菜的菜品代表有蚝油牛柳、东江盐焗鸡、白云猪手、香菠咕噜肉、碧绿生鱼片、深井烧鹅、XO酱花枝片等。

技能训练1　银蒜焗软兜

原料：笔杆青黄鳝。

调料：葱结、姜片、葱花、姜米、蒜泥、盐、味精、料酒、生抽、老抽、香醋、白糖、胡椒粉、水淀粉、调和油。

做法：锅中加水（水量要大）烧开，加葱结、姜片、料酒、盐、香醋调匀，改小火将笔杆青黄鳝入锅中烫熟取出，用出骨刀将脊背肉取下，切一刀成两段，洗净；取一

只碗，将料酒、生抽、老抽、香醋、盐、味精、白糖、胡椒粉、水淀粉调匀成对汁芡；另取锅加清水烧开，将鳝鱼背肉放在水锅中稍焐；再取锅，锅中加油烧至150℃左右时将葱花、姜米、蒜泥（小部分）入锅煸香，倒入焐水后的鳝鱼肉，下入调好的对汁芡，搅拌均匀；取砂锅烧热，将剩余的蒜泥倒入砂锅中翻炒至出香味，倒入炒好的鳝鱼，再淋少许调和油即可。

技能训练 2　鳜鱼煮百叶

原料：鳜鱼、百叶（千张）。

调料：蒜头、葱段、姜片、盐、味精、料酒、胡椒粉、大豆油。

做法：鳜鱼宰杀洗净；百叶切丝，锅中加水烧开，将百叶丝焯水；锅中加大豆油，煸葱段、姜片、蒜头，出香味后将鳜鱼入锅，烹入料酒，两面稍煎，加开水大火烧开，用中火熬10分钟，将焯水后的百叶丝放入锅中继续熬煮约5分钟，加盐、味精、胡椒粉调匀后盛出即可。

技能训练 3　脆皮猪脚

原料：猪蹄。

调料：盐、味精、料酒、老抽、排骨酱、柱侯酱、葱结、姜块、八角、桂皮、草果、白蔻、香叶、丁香、椒盐、调和油、点缀物料。

做法：猪蹄洗净后剁成2.5~3厘米长的段，加入前15种调料进行腌渍；将猪蹄入红卤锅中加热至酥烂，取出稍晾一会儿；另取净锅，加油烧至180℃时，将猪蹄入油锅中炸制成金黄色，捞出沥油后撒上椒盐（也可用椒盐做跟碟），按装盘设计摆放盘中，用点缀物料装饰即可。

技能训练 4　煎饼小杂鱼

原料：荞麦面粉、小杂鱼干（一种长约3厘米的鱼干）、青尖椒、红尖椒、青蒜。

调料：盐黄豆碎、盐、味精、料酒、葱、姜、蒜、干辣椒、十三香、调和油。

做法：将荞麦面粉调成面糊，在平底锅上烙成直径约30厘米的煎饼，两次对折成扇形；小杂鱼干洗净，上笼锅稍蒸一下回软；青尖椒、红尖椒洗净分别加工成薄片形，青蒜洗净切成斜刀段，葱切雀舌形，姜加工成小菱形片，蒜切片，干辣椒切1厘米长的段；锅中加油，煸葱片、姜片、蒜片、干辣椒段，倒入回软的小杂鱼干煸透，加盐、味精、料酒、盐黄豆碎、十三香翻炒均匀后加入青尖椒、红尖椒、青蒜，再翻炒均匀后出锅装盘。配上叠好的煎饼，食用时以煎饼裹食。

技能训练5 葱烧海参（山东风味）

原料：水发嫩小海参。

调料：盐、大葱、味精、水淀粉、鸡汤、姜汁、煳葱油、白糖、熟猪油、酱油、清汤、糖色、绍酒。

做法：将海参洗净，放入凉水锅中，用旺火烧开，煮约5分钟捞出，沥净水，再用鸡汤煮软并入味后沥净鸡汤；把大葱切成长5厘米的段；将炒锅置于旺火上，倒入熟猪油，烧到八成热时下入葱段，炸成金黄色时离火，葱段盛在碗中，加入鸡汤、绍酒、姜汁、酱油、白糖和味精，上屉用旺火蒸1~2分钟取出，滗去汤汁，留下葱段备用；锅中加猪油、炸好的葱段、海参、盐、清汤、白糖、料酒、酱油、糖色，烧开后转微火煨两三分钟，再转旺火，加味精，用水淀粉勾芡，用中火烧透收汁，淋入煳葱油，盛入盘中即可。

技能训练6 清炖蟹粉狮子头（淮扬风味）

原料：带皮骨猪肋条肉（肥七瘦三）、蟹肉、蟹黄、青菜心、大白菜叶、鸡蛋。

调料：虾子、绍酒、葱姜汁、盐、干淀粉。

做法：带皮骨猪肋条肉洗净，去骨，去皮；将猪骨剁成约3厘米长的块，猪皮切成边长约2厘米的菱形片，一起焯水后放入砂锅中，加水（用骨清汤效果更好）烧开；大白菜叶洗净；青菜心洗净后焯水；将肥肉和瘦肉分开，分别细切粗斩成细粒，用绍酒、盐、葱姜汁、干淀粉、鸡蛋、虾子、蟹肉拌匀，摔打上劲，做成大小相等的肉圆，将蟹黄分别嵌在肉圆表面，放砂锅中，盖上大白菜叶，加盖炖3小时；开盖，揭去白菜叶，滗去浮油，将焯水后的青菜心放入砂锅中，再炖2~3分钟即可。

技能训练7 麻婆豆腐（四川风味）

原料：豆腐、牛肉、青蒜。

调料：郫县豆瓣酱、辣椒粉、花椒粉、永川豆豉、黄酒、盐、味精、水淀粉、菜籽油、鲜汤、酱油。

做法：将豆腐去表皮，切成2厘米见方的块，放入加了少许盐的沸水中煮2分钟，捞出用清水浸泡；牛肉切碎粒，青蒜切成约1.8厘米长的段，豆瓣酱、豆豉剁碎；炒锅烧热，放入菜籽油加热至180℃左右，放入牛肉粒煸至散籽，加黄酒炒酥后倒入碗内；锅内留油，下豆瓣酱煸至油色红，下豆豉、辣椒粉炒，下鲜汤、酱油、豆腐加热3分钟，再下牛肉、青蒜段加热一会儿，放味精，用水淀粉勾芡，待芡糊化均匀后盛装在碗中，撒上花椒粉即可。

技能训练 8　蚝油牛柳（广东风味）

原料：牛肉。

调料：蚝油、葱段、姜片、蒜泥、老抽、生抽、小苏打、料酒、水淀粉、胡椒粉、味精、调和油、香油。

做法：将牛肉洗净，切片，加入生抽、小苏打、水淀粉搅拌均匀，放入少许调和油，静置30分钟；将蚝油、味精、老抽、香油、胡椒粉、水淀粉调匀成粉汁；锅置火上，放油烧至五成热，放入牛肉片泡油至断生，倒出沥油；原锅中底油烧热，将葱段、姜片、蒜泥爆至起香，放入牛肉片，加料酒，用粉汁勾芡，淋调和油、香油拌匀，迅速装盘即可。

3.2　位上冷盘的制作

3.2.1　位上菜肴的概念、分类

所谓位上菜肴，本质是菜肴呈现的一种方式，是指根据就餐人数，按照一人一份的形式制作并上菜，行业中习惯称为各客菜肴。

位上菜肴根据菜肴的温度，分为位上热菜、位上冷菜两大类。位上热菜的类型又可以分为两种，一种是将整份的菜肴按照就餐人数分成每人一份，另一种是菜肴本身就是以个数形式出现的菜肴，按照每人一个的形式上菜。热菜中并不是所有的菜肴都可以以位上的形式呈现，有些菜肴如红烧鳜鱼、干烧岩鲤、虾子扒乌参等就不宜作位上菜肴，但是菜肴上桌后可以为客人分食。

位上冷盘有时又称为位上冷菜、位上冷拼，通常是将冷菜围碟按照一定的造型，将多种食材拼装在一只餐盘中，并以某种图案形式出现的冷菜装盘的呈现方式。因为位上冷盘主要是体现拼摆手法和图案，所以很多时候行业中直接将位上冷菜称为位上冷拼。

3.2.2　位上冷盘的制作手法

位上冷盘属于工艺冷拼中的小冷盘范畴，在处理方法上与工艺冷拼相似，但在成型效果上有明显差异。工艺冷拼以观赏性为主，位上冷盘以食用性为主，两者的目的不同，所以呈现方式也不一样。但由于两者都需要体现一定的图案效果，所以在成型手法的运用上有许多相似之处。

位上冷盘的造型图案有很多类型，参考工艺冷盘的分类方式，一般可以将位上冷盘分为几种类型。

（1）位上冷盘的类型

1）景观图案类位上冷盘。这一类冷盘主要体现自然环境中的自然景观或人文景观，诸如小型自然风光类的风景冷盘、描绘四季变幻的季节冷盘、一些特定的人文景观类的冷盘。

2）植物图案类位上冷盘。冷盘的主题以植物造型为主，如拼摆成迎客松、梅兰竹菊等，以具体的植物图案作为参照物。

3）动物图案类位上冷盘。此类冷盘以动物造型为主，或表现动物的活泼可爱，或表现动物的机智灵敏，或表现动物的阳刚壮硕。但由于小型位上冷盘讲究的是效率，所以此类造型图案应用较少，即使使用，也是小型的动物如蝴蝶图案、鸽子图案等。

除此之外，还有一些位上冷盘的构图设计不能纳入上述三种图案设计范围的，这类冷盘通常都是由生产者随意组拼，并未形成专门的图案，或只形成了简单的图案。这类位上冷盘往往原料选择恰当，盘面干净整洁，色彩运用和谐，刀工体现精致，也是行业中位上冷盘最常见的表达形式。

（2）位上冷盘的表现手法

1）切。冷盘常用的刀工成型技法，有拉刀直切、推刀直切、锯切等，针对不同的原料选择不同的刀法。切割后的原料要厚薄均匀，大小相等。大多数原料需要经过刀工处理后才可以进入后续拼摆环节。

2）摆。摆是原料的成型手法之一，是将经过刀工处理的原料按照图案设计要求，拼成具体形状的手法。多数原料需要经过拼摆才能形成某种图案。

3）排。排类似于摆，也是将原料铺叠成某种形状，供造型使用，通常是对有刀面需要的材料进行加工的手法。

4）叠。叠是根据造型需要，将原料按照一定的要求叠放在一起，形成某种造型的加工手法，本质和摆、排有些类似，只是在具体手法上略有变化。

摆、排、叠的手法一般都是针对原料加工成几何图案或某种造型图案的加工手法，至于到底选择哪种手法，需要根据原料的特性选择。

5）卷。根据拼摆造型需要，将某些原料加工成某种花型摆放于餐盘中，常见的手法便是卷。这种卷与热菜成型手法中的卷法虽然手法相似，但是后续处理不一样，冷盘的卷一般是将原料卷成某种花形直接摆放，如玫瑰花、月季花，一般不需要经过加热成熟，摆放于盘中可以起到丰富构图、美化菜肴的作用，同时卷制的材料本身就是经过调味的原料或食用时蘸食调料的原料，如三文鱼刺身。

6）刻。刻是位上冷盘中的一种特殊刀工处理方法，有些图案设计时，会涉及一些小的部件，如主盘拼摆成简单的禽鸟类图案，需要鸟头、鸟脚装饰，或为美化餐盘，需要做一些花草用于点缀，此时就会选择刻的刀法。这种刀法耗时，且涉及卫生问题，所以在位上冷盘中使用较少。

（3）位上冷盘的装盘手法　冷盘装盘是依靠拼、摆的基本手法综合运用来实现的，拼就是拼合；摆就是放置。一般常见的有八种基本手法，即铺、排、堆、叠、砌、插、贴、覆，合称拼摆八法。

1）铺。用刀铲起原料平坦地脱落在盘中叫铺，这是盖面、垫底、围边常用的一种基本手法。运用铺法可使原料平整服帖，并能加快加工的速度，铺前可将原料压一压，使原料表面更为平滑。

2）排。将原料平行安放在盘中的手法是排，一般是盖面、围边的专门手法，运用排法可使原料平整一致，排的原料彼此相依。主要运用排法造型的冷盘，通常称为“排盘”，如秋叶排盘、菱形排盘等。

3）堆。运用勺舀或手抓，将原料自然地呈馒头状置于盘中叫堆，常用于垫底，或者对细小原料及排角（排角原为建筑学用语，用于烹饪上一般指排叠原料，使原料的某个角度符合造型要求，也称叠角）原料的造型，速度最快。

4）叠。将片状原料有规则地一片压一片呈瓦楞形向前延伸叫叠，可使造型富有节奏感，一般是盖面的专门手法。

5）砌。犹如砌墙般将原料齐整或交错地堆砌向上伸展叫砌，常用片、状等原料砌出高台、山石等立体形象造型。

6）插。将原料戳入另一原料中，或夹入原料间缝隙中叫插，常用于填空和点缀，便于对冷盘成型的不完美处进行修整，如对垫底的垫高等。

7）贴。将薄小的不同性状原料粘在较大食材表面叫贴，如对鱼、龙等造型上贴鳞，对鸡、孔雀等造型贴羽毛等。

8）覆。将扣在碗中原料翻倒于盘中的手法叫覆，是冷菜、热菜造型的重要手法之一，可使菜肴造型完整而饱满。

尽管冷盘装盘有如上八种基本手法，但在实际加工中，多是各种手法综合运用，如三趟式（一种冷盘单碟的装盘造型形式）就是铺叠的综合形式，再如盐水虾的装盘常采用渐次围叠的综合手法等。

技能训练9　福寿迎客松

适用于寿宴为主题的宴会位上冷盘。

原料：水果黄瓜、卤香菇、酱牛肉、鸡蛋干、莴笋。

调料：鸡精、盐、五香粉。

做法：水果黄瓜切蓑衣刀，加盐、鸡精调味；卤香菇剪成松枝形；酱牛肉、鸡蛋干、莴笋修形后切成0.5厘米的厚片，鸡蛋干加盐、鸡精、五香粉调味，莴笋加盐、鸡精调味；取位上冷碟，将卤香菇、水果黄瓜按照“迎客松”造型拼摆成型，将余下原料采用排叠方式进行拼摆，交错排放形成“假山”形，装盘点缀即成。按照就餐者人数拼摆。

技能训练10 雨露春笋

适合于春季的位上冷盘。

原料：嫩春笋、北极贝、椒盐虾、蜜汁南瓜、广式叉烧、白萝卜、心里美萝卜、青萝卜。

调料：藤椒油、盐、味精。

做法：嫩春笋剥去外皮洗净，焯水后煮熟，用盐、味精调味；心里美萝卜、青萝卜、白萝卜修剪成“水滴”形，切成薄片，加盐、味精、藤椒油调味，卷入嫩春笋，拼摆成“春笋”；将余下原料按照太湖假山形状，按照冷暖色互配的原则进行组配，摆出春分时节雨后春笋破土而出的意境。

技能训练11 夏荷争艳

适合于夏季的位上冷盘。

原料：土豆、白萝卜、心里美萝卜、北极贝、白灼虾、蜜汁南瓜、西蓝花、哈尔滨红肠、蒜肠。

调料：盐、味精、美极酱油、生抽、白醋、浙醋、胡椒粉、花椒粉、辣油。

做法：白醋、盐、味精、美极酱油、生抽、胡椒粉调成白醋汁，浙醋加盐、味精、美极酱油、生抽、花椒粉、辣油调成浙醋汁。土豆煮熟后制成泥，调入盐、味精、胡椒粉，捏成莲藕形和荷花底托形；白萝卜、心里美萝卜修成“鸡心”形，分别浸泡白醋汁和浙醋汁，待入味后切成薄片，采用拉刀法制成荷叶花瓣形，放入“荷花底托”内，形成“荷花”；余下的白萝卜修成长条，覆盖在“莲藕”坯上，形成“莲藕”形；将余下的原料修剪成不规则的“石头”形，装盘点缀即成。

技能训练12 金菊迎秋

适合于秋季的位上冷盘。

原料：嫩胡萝卜、水果黄瓜、白灼虾、蜜汁南瓜、西蓝花、哈尔滨红肠、蒜肠、广式叉烧、皮蛋肠。

调料：盐、味精、小米辣圈、藤椒油。

做法：嫩胡萝卜洗净，切成细丝拌入盐、味精、藤椒油腌制入味，捆扎成菊花形；水果黄瓜切成蓑衣刀，捏成“菊花叶”，点缀在“菊花”上；蜜汁南瓜切成长条，拼摆成“篱笆栏”；将余下原料进行适合的刀工处理，拼摆成“假山”，用小米辣圈点缀即成。

技能训练 13　冬梅迎春

适合于冬季的位上冷盘。

原料：牛腱肉、水果黄瓜、椒盐虾、蒜肠 、北极贝、心里美萝卜、莴笋、法香、香菇。

调料：排骨酱、叉烧酱、鸡饭老抽、味精、鸡精、糖、芥末。

做法：牛腱肉、北极贝改刀成片，拼摆成假山形；将椒盐虾、蒜蓉肠 、北极贝整齐摆放在“假山”周围，点缀上法香，形成初春的风景；将心里美萝卜修成梅花形后，切成“花朵”；香菇修剪成“梅花枝干”摆放在“假山”上，点缀上“花朵”即成。

3.3　餐盘装饰

餐盘装饰是美化菜肴的手段，无论何种样式的餐盘装饰，都要从顾客角度进行思考，再融入厨师心灵手巧的智慧。

餐盘装饰是摆盘的技巧之一，用于对餐盘食物进行精美点缀。富有创意的餐盘装饰，是提升菜品价值的有效方式。餐盘装饰需根据菜品风格，运用不同的食材、调料、装饰物进行点缀，考虑其与餐盘的形状、颜色是否协调，取食是否方便，通过技术手段打造新颖的感官体验。最核心的是主次结构要清晰分明，装饰只起到衬托主体菜肴的作用，数量较少，位置合理，不能过度装饰造成喧宾夺主。

3.3.1　餐盘装饰的概念、特点、原则

1．餐盘装饰的定义

餐盘装饰又称餐盘装饰美化，或菜肴装饰艺术，是指采用适当的原料或器物，经一定的技术处理后，在餐盘中摆放成特定的造型，以美化菜肴、提高菜肴食用价值的制作工艺。

2. 餐盘装饰的特点

餐盘装饰作为有别于菜肴制作的后续工艺，有两个显著特征。

（1）用料范围以果蔬为主　适用于餐盘装饰的原料主要是瓜果、蔬菜、花卉、酱料类。这些原料的品种很多，颜色也很丰富，选用十分方便，既可以根据季节变换选用应时的果蔬，也可以选用反季节的果蔬。

（2）制作工艺崇尚简单便捷　由于餐盘装饰是菜肴的陪衬，因此装饰技法的简便性便成为必然。正因为其简单、方便、快捷，所以易学习、易掌握、易应用。花很少的时间，进行简约加工，即可增加菜肴的美观度，使菜肴既好看又好吃，使得餐盘装饰工艺得以存在和发展。

需要注意的是，并非每一道菜肴都需要进行餐盘装饰，而应当根据需要选择。餐盘装饰既可以为色形俱佳的菜肴锦上添花，也可以使色形平庸的菜肴绽放异彩。所以，只要装饰恰如其分，就能收到画龙点睛的效果。

3. 餐盘装饰的基本原则

餐盘装饰要达到较好的效果，在制作中就要符合美学规律，不仅要有一定的烹饪美学知识，以及较好的烹饪工艺基础，而且装饰时间不可过长，特别是热菜上桌后往往很快变凉，倘若装饰时间较长，会使菜肴该热的不热，该脆的不脆，从而影响菜肴的质量。对于一些复杂的装饰，如宫灯、花篮等，可提前摆好，以免影响菜肴食用效果。盘饰作为菜肴美化技法，制作时要注意以下几个原则。

（1）色彩要协调丰富　菜肴装饰应突出菜肴的色彩，围边点缀要以丰富多彩、协调一致为最高境界。如鸡粥鱼肚，用绿色的香菜叶、红色的火腿进行点缀，显得色彩分明，鸡粥更加洁白光亮。如果用黄色的橘子或牙色的冬笋来点缀，则黯然失色。相反，若用黑色的香菇或紫色的紫菜来点缀，又显得头重脚轻不协调，不能取得美化的效果。

（2）要结合菜肴表达　围边点缀原料的形状应随菜肴的形状而变化，若菜肴没有具体的配形要求，装饰可用花草虫鱼、鸟兽等形状皆可。有些菜肴制成后，原料难辨，装饰物品可采用暗示法，如酱爆牛蛙的盘边可用黄瓜等刻成蛙形，暗示该菜的主料。有些菜肴是小型原料烹制而成，一般采用全围的方法装饰；有些菜肴的形态是整型原料烹制而成，则采用盘边局部装饰方法美化。

（3）口味要一致　围边原料的口味要尽量与菜肴的味道一致，绝不允许出现翻味和串味的现象。如甜菜要用水果装饰，煎炸菜肴要用植物性爽口的原料装饰。若在咸鲜口味的菜肴上放几粒樱桃，会降低菜肴的质量。

（4）与菜肴规格相符　对一些原料价格高、质量好的菜肴进行围边点缀，应选择制作精细的装饰物，以进一步提高菜肴的质量。反之，对一般菜肴的装饰，应注意简洁明快。

（5）装饰要结合盛器　精美的菜肴要用质地优良且图案简洁的餐具加以衬托；造型简单的菜肴，装饰宜少。

（6）符合卫生需要　围边点缀物的卫生是菜肴装饰点缀的核心，菜肴围边点缀原料必须符合食用的条件，尽量少用或不用人工合成色素，合理使用食品添加剂。在装饰的每一个环节都要讲究卫生。

3.3.2　餐盘装饰的构图方法

餐盘装饰的手法虽然多样，但是归纳起来不外乎两类，一类是平面类布局，一类是立体类布局。具体方法有以下几种。

1. 局部法

局部法又叫局部围边点缀法，一般用食雕作品、花卉或蔬菜、水果等，摆放在盘子的一边形成图案作点缀，以渲染气氛，美化菜肴。这种形式多用于整料菜肴，如松鼠鳜鱼，在头部前端用胡萝卜花和香菜点缀。局部法还可以用来制造意境和情趣，或者用来弥补盘边的局部空缺。如松鼠戏果，在餐盘的一侧可以用一串葡萄作点缀；再如荷塘大虾，在餐盘的一边用原料摆成荷花、莲藕、荷叶来点缀。局部法没有固定的格式，形式多样，拼摆简洁明快，样式自由。

2. 对称法

围边点缀采用对称式构图的方法称对称法。根据围边点缀数目的多少，可分为单对称、双对称、多对称三种。对称式围边点缀，通常在腰盘的两端或圆盘的周边采用同样大小、同样色泽、同样形状的造型。单对称只用一组对称图案，一般适用于腰盘的装饰，形成对称、协调、稳重的效果。双对称采用两组对称的原料，装饰在盘边，适用于圆形器皿，在制法上与单对称基本相同。多对称采用三组或三组以上的对称物品，装饰在器皿周边，采用的原料品种较多，色泽和质地可以不一样，但大小和形状要相似。

3. 鼎足法

鼎足法又称三点式构图点缀法，适用于圆形餐具，要求围边装饰原料的形状、大小、色泽都一样，在盘边选择三个点均匀分布，其特点是简洁、匀称、稳健。

4. 半围法

半围法是用装饰原料进行不对称的围边点缀，装饰物占盘边的1/3~1/2的位置，主要是营造某种主题或意境，来装饰美化菜肴。半围法围边点缀时，关键是掌握好菜肴与装饰物之间的分量比例、形态比例、色彩比例等，其制作没有固定的模式，可根据需要进行组配。

5. 中心法

中心法又称中心围边点缀法是一种特殊的装饰方法。它在盘子的正中放上立体雕塑或用原料（包括面点、花卉）拼摆成一定的形状，以突出某个意趣或主题。如金黄色的“凤尾大虾”，虾尾朝外排放于盘中，盘中心摆放鲜红色荷花状的番茄。

6. 全围法

全围法是最常见的一种装饰方法，形式千变万化，排列较整齐，形态较美观，适宜圆形或椭圆形平盘。如“八宝葫芦鸭”放在盘子里面，周围用十二只小葫芦围一圈，大与小相衬，立体感强。

7. 间隔法

所谓间隔法，就是于盘边围绕菜肴间隔地加以点缀，它适合原料整齐、无汤汁或汤汁较少的菜肴。如“明珠大乌参”，乌亮的海参围以洁白的鸽蛋，每两只鸽蛋间再摆一个橄榄形的胡萝卜，犹如串起的明珠。

8. 其他法

果酱、粉类的装饰方法，不完全适用上述7种方法。有些果酱画可以纳入上述方法，有些则很难归类，我们统称为其他法。在干炸的菜肴下面用果酱类裱绘成图案，在图案上摆放炸好的菜肴；或者用红烧肉卤汁在餐盘上勾勒图案，然后将红烧肉块放在卤汁上；或用各型（异型）模具将酱汁做成图案的形状，在图案中放入菜肴等，都属于果酱、粉类盘饰的范畴。

技能训练 14 果酱画盘饰（蝴蝶）

原料：芒果酱、威士忌苹果酱、巧克力果酱。

工具：裱花袋、牙签、长方盘。

做法：将果酱分别装入不同的裱花袋中，选好餐盘中的位置后，用巧克力果酱勾勒“蝴蝶”轮廓，然后填入芒果酱和威士忌苹果酱，在“蝴蝶”身体部分用牙签拉出“触角”即成。

技能训练 15 巧克力盘饰（秋叶）

原料：白巧克力、食用橙黄色粉。

工具：不锈钢容器、枫叶模具。

做法：取不锈钢容器，将巧克力加热熔化后，加入色粉拌匀；将调匀的巧克力酱液装入容器，滴入枫叶模具中，摇晃均匀覆盖在模具内，待冷却，取出即成。

技能训练 16 果蔬盘饰（椰树）

原料：黄瓜、罐装樱桃。

工具：厨刀、镊子、拉线刀。

做法：黄瓜洗净，取皮修成树干形；用拉线刀在黄瓜皮表面划出“椰树”轮纹，将余下的黄瓜皮切成蓑衣花刀，捏成“椰叶”，点缀在“树干”枝头；樱桃一分为二，点缀在“椰叶”中即成。

技能训练 17　粉料装饰（回字纹）

原料：可可粉。

工具：细网筛（100目）、软塑料片、尖刀。

做法：在电脑上打印空心回字纹图案，将回字纹图案覆于软塑料片上，用尖刀将图案刻出来；取白色长方盘，将软塑料回字纹图案在盘边放好；可可粉倒入细网筛中，移至回字纹图案上轻轻抖动，使可可粉掉落在软塑料片上，然后轻轻提起软塑料片，将图案外围多余的粉料清理干净即可。

复习思考题

1. 为什么说用料广泛、搭配灵活是中国烹饪的主要特征之一？
2. 我国菜肴的构成内容主要有哪些？选择一个介绍其特点。
3. 简述菜系形成的原因。
4. 简述山东菜系的主要特点和用料特征。
5. 简述淮扬菜系的主要特点和技法特征。
6. 简述四川菜系的主要特点和调味特征。
7. 简述广东菜系的主要特点和用料特征。
8. 什么是位上冷盘？有何特点？
9. 位上冷盘的分类形式主要有哪几类？
10. 什么是餐盘装饰？其意义表现在哪些方面？
11. 餐盘装饰的原则有哪些？
12. 简述餐盘装饰的方法。

项目 4

厨房管理

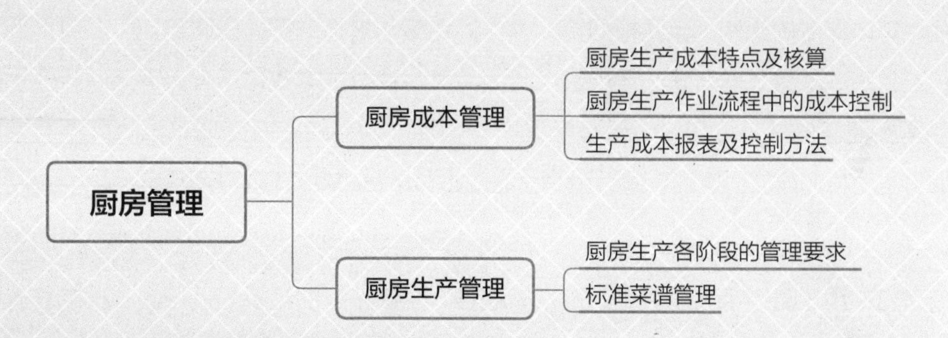

厨房管理
厨房成本管理
厨房生产成本特点及核算
厨房生产作业流程中的成本控制
生产成本报表及控制方法
厨房生产管理
厨房生产各阶段的管理要求
标准菜谱管理

4.1 厨房成本管理

4.1.1 厨房生产成本特点及核算

厨房生产成本是指厨房在生产制作产品时所占用和耗费的资金，主要由三个部分构成：原料成本、劳动力成本及经营管理费用。其中，前两项占生产成本的70%~80%，是厨房成本的主要部分。劳动力成本指参与厨房生产的所有人员的费用；经营管理费用指厨房在生产和餐饮经营中，除原料成本和劳动力成本以外的费用，包括店面租金、能源费用、借贷利息、设备设施的折旧费等。厨房管理的主要任务是生产成本管理，即对厨房产品的原料成本进行控制和管理。

1. 厨房生产原料成本的构成

厨房生产原料成本指生产制作菜点时实际耗用的各种原料价值的总和。原料成本属于变动成本，与销售量成比例变化。根据在菜点制作中的不同作用，原料可分为三类，即主料、配料（或称辅料）和调料。这三类原料是核算厨房生产成本的基础，又称为厨房生产成本三要素。

生产成本三要素由单个菜品的成本构成，而对于宴会菜点来说，则主要由冷菜成本、热菜成本和点心成本构成。根据酒水另算、水果费用单独核算的习惯，许多餐饮企业将冷菜成本定为食品原料成本的15%，热菜成本定为70%，点心成本定为10%，调料成本按5%核算。这是行业中可以参考的比例，但要根据宴会举办的地区和规格进行适当调整。大多数情况下，宴会标准越高，热菜成本所占比重就越大，而冷菜、点心成本变化不大，因此，应注意区别核算。需要注意的是，近年来，随着各式新颖、优质调料的不断出现，调味品不断推陈出新，加之不少菜调味品用量比较大，调味品的成本及所占比例有增大的趋势。

2. 厨房生产成本的特点

厨房生产由于具有手工技术性、用料模糊性、生产过程的短暂性、产品规格的差异性，以及原料随行就市、价格波动大等特点，使成本控制更加复杂和困难，具体体现在以下几方面。

（1）原料成本核算难度大　厨房生产的特点是先有顾客，再安排生产，现场销售，因此，给厨房生产管理和食品成本核算带来一定的难度，具体表现如下：

1）菜的销售量难以预测。厨房生产很难事先进行准确安排，因为餐厅很难预测某一天到底会有多少顾客光临，光临的顾客又会产生多少消费额，可能消费哪些菜品等，这一切都是未知数。因此，最终会消耗多少食品原料，也难以准确地核算出来，仅凭顾客预订和管理人员的经验来预测，所以难免会有误差。

2）原料品种和数量难以精确准备。因为菜点销售量难以预测，厨房生产所需的原料数量也难以精确估计，需要有较多的食品原料库存作为基本保证，而食品原料库存过多会导致损耗或变质，并增加库存费用；库存过少又会造成供不应求，并增加采购费用。这就要求厨房具有较灵活的食品原料采购机制，根据具体经营状况随时组织采购，做到既不影响厨房生产，最大限度地满足顾客需求，又能为餐饮企业增加效益。

3）单一产品成本核算难度大。厨房生产的菜点品种繁多，每次生产的数量较少，且边生产边销售。另外，食品原料成本还会随着市场、季节、消费者的要求而变化。因此，根据单个产品逐次进行成本核算几乎没有可能。这就要求厨房生产建立相应的成本核算和控制制度，以确保企业的既得利益。

（2）菜点成本构成相对简单　厨房生产菜点等产品的成本仅包括所耗用食品原料成本，即主料、配料和调料成本，其构成要比其他产品相对简单一些。

（3）食品成本核算与成本控制直接影响利润　因每天就餐人数和消费额的不固定，销售额也不可预测。虽然可通过加强管理，突出餐饮经营特色等方法增加营业收入，但其利润多少却取决于食品成本的核算与控制。通过精打细算，减少食品原料消耗、避免浪费，来降低厨房生产成本，保证餐饮企业的应有利润。

（4）生产人员主观因素及状态对成本影响较大　厨房生产绝大多数是员工的手工操作，员工的工作状态及主观因素对成本影响特别大。首先，生产人员的技术不过关，经验不足，很容易导致原料出净率降低，造成原料的浪费。其次，员工的工作状态、情绪及对报酬的满意程度也会导致原料的利用率，如员工的工作责任心不强，容易造成原料的人为损失和私自吃拿现象；如厨房出菜制度控制不严，也容易造成浪费。

3. 厨房成本核算方法

厨房原料成本核算的核心是核算耗用原料成本，即实际生产菜点时所需要的食品原料。

（1）主、配料成本核算　主料和配料一般要经过拣洗、宰杀、拆卸、涨发、初步熟处理至半成品后，才能用来配制菜点。其中，没有经过加工处理的原料称为毛料；经过加工，可以用来配制菜点的原料称为净料。净料是组成单位产品的直接原料，其成本直接构成产品的成本，所以，在核算产品成本之前，应算出所用各种净料的成本。

1）原料初加工后的成本核算。原料在最初购进时，多为毛料，加工成净料后重量发生变化，必须进行净料成本核算。净料成本的核算，有一料一档和一料多档，以及不同渠道采购同一原料的核算方法等。

①一料一档净料成本核算。原料经过初加工后，只有一种半成品，没有可作价利用的下脚料和废料，其净料单位成本的计算公式如下：

$$净料成本=\frac{购进原料总成本}{加工后半成品重量}$$

原料经加工处理后，得到一种半成品，同时又得到可作价利用的下脚料和废料，其计算公式如下：

$$净料成本=\frac{购进原料总成本-下脚料作价金额-废弃物作价金额}{加工后半成品重量}$$

②一料多档净料成本核算。如果原材经过加工处理后，得到一种以上的净料，则应分别计算每一种净料的成本，分档计算成本的原则是：质量好的，成本应略高；质量差的，成本应略低。

③不同渠道采购同一原料的情况。餐饮企业采购原料的方式多种多样，在采取多种渠道采购同一种原料时，其采购单价不尽相同，这就要用加权平均法计算该种原料的平均成本。

【案例】供货商给某餐饮企业提供75千克里脊肉，价格为78.80元/千克，厨房发现不够用后，采购人员又从市场上购进50千克，价格为84.20元/千克，计算里脊肉每千克平均成本。

里脊肉平均成本为：

（50×84.20+75×78.80）÷（50+75）=（4210.00+5910.00）÷125=80.96（元/千克）

2）生料、半成品和成品的成本核算。净料可根据其拆卸加工的方法和处理程度的不同，分为生料、半成品和成品三类。

①生料成本核算。生料就是只经过拣洗、宰杀、拆卸等加工处理，而没有经过烹调达到成熟的各种净料，其计算公式如下：

$$生料成本=\frac{毛料总值-下脚料总值-废弃物品总值}{生料重量}$$

②半成品成本核算。半成品是经过初步熟处理，但还没有完全加工成成品的净料。根据加工方法的不同，又可分为无味半成品和调味半成品两种。显然，调味半成品的成本要高于无味半成品。许多原料在正式烹调前都需要经过初步熟处理。所以，半成品成本的计算，是主配料计算。

无味半成品成本的计算公式如下：

$$无味半成品成本=\frac{毛料总值-下脚料价值-废料价值}{无味半成品重量}$$

调味半成品成本的计算公式如下：

$$调味半成品成本=\frac{毛料总值-下脚料价值和废料价值+调味品价值}{无味半成品重量}$$

③成品成本核算。成品即熟食品，尤以卤制冷菜为多，其成本与调味半成品类似，由主

料成本、配料成本和调味品成本构成。成品成本的计算公式如下：

$$成品成本 = \frac{毛料总值 - 下脚料价值和废料价值 + 调味品价值}{成品重量}$$

（2）调味品成本核算

1）单件成本核算法。单件成本指单件制作的产品的调味品成本，也叫个别成本，各种单件生产热菜的调味品成本都属于这一类。核算这一类调味品的成本，先要把不同调味品的用量估算出来，然后根据其进价，分别计算出价格，并逐一相加。

2）平均成本核算法。平均成本也叫综合成本，指批量生产（成批制作）的产品的单位调味品成本。冷菜卤制品、点心类制品，以及部分批量制作的热菜等都属于这一类。核算这类产品的调味品成本，应分两步进行。

第一步，各种调味品的总用量及成本。菜肴批量制作时，调味品的总用量一般较多，统计应尽可能全面，以求调味品成本核算准确，同时保证产品质量的稳定。

第二步，用产品的总重量来除调味品的总成本，即可求出批量产品平均调味品成本。

批量产品平均调味品成本的计算公式如下：

$$批量产品平均调味品成本 = \frac{批量产品耗用的调味品总值}{产品总重量}$$

（3）净料率的确定及应用　由于每天购进原料的品种和数量都很多，净料重量不可能逐一过秤分别计算。一些餐饮企业在实践中总结出一个规律，就是在净料处理技术水平和原料规格重量相同的情况下，原料经加工后的净料重量和毛料重量之间构成一定的比率关系，通常用这个比率来计算净料重量。

1）净料率及其计算方法。所谓净料率，就是净料重量与毛料重量的比率，计算公式如下：

$$净料率 = \frac{加工后的净料重量}{加工前的毛料重量} \times 100\%$$

净料率一般以百分数表示，行业内也有不少厨师习惯用“折”或“成”表示。净料率在餐饮业中又称为拆卸率。在菜肴烹饪的不同阶段，净料有生料、半成品和成品三类，因此净料率也有生料率、半成品率和成品率三种，其核算公式与净料率相同。

2）损耗率及其计算方法。与净料率相对应的是损耗率，是毛料在加工处理中损耗重量与毛料重量的比率。其计算公式如下：

$$损耗率 = \frac{加工后的损耗重量}{加工前的毛料重量} \times 100\%$$

3）净料、毛料及其比率关系如下：

损耗重量＋净料重量＝毛料重量

损耗率＋净料率＝100%

4）净料率的应用。根据毛料的重量，计算净料重量的公式如下：

毛料重量×净料率＝净料重量

【案例】某酒楼购进猪腿肉5千克，单价80.60元/千克，经处理后分成猪皮和净肉，净料率是89％，已知猪皮单价15.80元/千克，请计算净肉100克的成本。

净肉重量：5×89％＝4.45（千克）

猪皮重量：5—4.45＝0.55（千克）

净肉100克成本：[（80.60×5—15.80×0.55）÷4.45]×0.1=8.86（元）

同样，还可以根据净料率和净料的重量，计算出毛料的重量，公式如下：

净料重量÷净料率=毛料重量

4.1.2 厨房生产作业流程中的成本控制

根据厨房生产运转流程，以加工生产为界，划分为生产前、生产中和生产后三个阶段。要针对三个阶段不同特点，强化成本控制意识，建立完善成本控制系统，将生产成本控制落实到每个生产环节之中。

1. 厨房生产前的成本控制

生产前的成本控制，主要是针对生产原料的管理与控制，以及成本的预算控制等。

1）采购控制。采购的目的在于以合理的价格、适当的时间、可靠的货源渠道，按既定规格和预定采购数量，购回生产所需的各种食品原料。采购控制主要体现在欲购进原料质量、数量和价格三个方面的控制。

2）验收控制。验收控制是指一方面要检查原料质量、数量及采购价格是否符合采购要求，另一方面要确保各类原料尽快入库或及时使用。

3）储存控制。储存控制具体落实到人员控制、环境控制及库房日常管理三个方面。

4）发料控制。发料控制是原料成本控制中的一个重要环节，发料时要严格执行审批制度，规定领料的次数和时间，发料人员要如实核算发出的原料及全天领料总成本。

5）成本预算控制。做好成本预算工作是开展厨房生产的前提，餐饮企业要借助以往销售记录和成本报表，结合当前实际情况，逐步分解和确定每月、每日成本控制指标，以便管理人员随时对照，加以改进，使生产成本控制做到有的放矢、有章可循。

2. 厨房生产中的成本控制

厨房生产中的成本控制主要体现在原料加工、使用环节上，主要包括以下几个方面。

1）加工制作测试。准确掌握各类原料净料率，确定各类原料加工、制作损耗的许可范围，以检查加工、切配工作的绩效，防止和减少加工和切配过程中造成的原料浪费。

2）制订厨房生产计划。厨师长应根据业务量预测，制订每天生产计划，确定各种菜肴数量和份数，据此决定领料数量。生产计划应提前数天制订，根据具体情况及时调整。

3）坚持标准投料量。按照标准菜谱进行加工和制作，在厨师的具体操作中要严格执行。

4）控制菜肴分量。按照既定规格的品种数量进行配份、装盘，否则会增加菜品成本，影响利润。

另外，常用原料集中加工、高档原料谨慎使用，以及原料充分利用等，是厨房生产中必须注意的事项。

3. 厨房生产后的成本控制

厨房生产后的成本控制，主要体现在实际成本发生后，与预算当月、当周、当日成本进行比较、分析，及时找出超标原因进行适当调整。要注意以下几种情况。

1）企业经营业务不太繁忙时，原料采购频率要提高，尽量减少库存损耗。

2）少数几种菜式成本偏高时，可采用保持原价而适当减少菜肴分量，以降低成本。当然，减量必须有度，以免引起顾客的不满，影响企业的声誉。

3）对于成本较高，但销售比重大的菜肴，则可以考虑以下几种解决办法。

①通过促销手段来增加这些菜肴的销量，如果可行则维持价格不动。

②对于其他成本并未上升的菜肴，通过促销手段增加销售量以抵销部分菜肴成本的增加量。

③菜品分量适当减少。

④如果上述做法都不可行，则要尝试能否通过调整售价的办法来弥补成本。这种做法要注意顾客的接受度，把握适宜的调价时机。

当然，如果出现成本偏低的情况，则要检查分析成本降低的原因，是进价便宜还是工艺改进，视其情况可将其作为促销产品。

4.1.3 生产成本报表及控制方法

厨房采用标准成本进行原料成本控制，将生产经营中的实际成本与标准成本进行比较，找出生产经营中各种不正常、低效能，以及超标准用量的浪费等问题，采取相应措施，以达到对原料成本的有效控制。

厨房管理人员既要了解实际食品成本和成本率，也应确定标准食品成本和成本率。控制食品成本率，并不能解决以往生产中出现的问题，还要了解本段时间内具体的用料成本。

1. 与标准成本进行比较，控制生产成本

采用标准成本控制，制订和使用标准菜谱是一项重要工作。成本控制员与厨师长一起制订出各种菜肴标准成本。成本控制员同时应根据价格变动，定期或不定期调整标准成本中的价格，及时核算进价变动后的实际成本，保证成本控制的准确性。

与标准成本进行比较，从原料用量上对成本进行控制，把标准用量与实际用量进行比较，以达到从原料用量上进行成本控制的目的。

如果实际用量与核算的标准用量相差较大，必须检查原因。实际耗用量大于标准用量的主要原因有以下几点。

1）操作中未按标准用量投料，用料分量超过标准菜谱上的规定。

2）操作中有浪费现象，如菜品制作失败不能食用，又重新制作。

3）原料采购不当造成净料率过低，如用河虾挤虾仁时，原料品质对出净率影响较大。

4）库房、厨房、餐厅中存在的其他问题。

2. 食品成本日报表控制

1）食品成本日核算与成本日报表。厨房每日食品成本由直接进料成本和库房领料成本两部分组成，直接进料成本记入当天原料成本，其数据可从餐饮企业每天的进料日报表上得到；库房领料成本记入领料日的食品成本，其数据可从领料单上汇总得到。除了这两种成本以外，还应考虑各项调拨成本。计算公式如下：

当日食品成本＝直接进料成本（进货日报表直接进料总额）＋库存领料成本（领料单成本总额）＋调入成本－调出成本－员工用餐成本－余料出售收入－招待用餐成本

核算出食品日成本后，再从财务记录中获取日销售额数据，即可核算出日食品成本率。

食品成本日核算能使管理者了解当天的成本状况。若孤立地看待每日食品成本率，意义不大，因为餐饮企业的直接进料有些是日进、日用、日清，而有些则是一日进，数日用；另外，库房领料，也未必当天领当天用完。因此，食品成本日报表所反映的成本情况，仅供管理者参考。因此，将每日成本进行累计，连续观察分析，对于成本控制的指导意义很大。

每天定时将当天或前一天餐饮成本发生情况，以表格的形式汇总反映出来即为日食品成本分析表（见表4-1）。

2）食品成本月核算与成本月报表。食品成本月核算就是核算一个月内食品销售成本。餐饮部门通常会设专职核算员，每天营业结束后或第二天早晨，对当天或前一天营业收入和各种原料进货、领料的原始记录及时进行盘存清点，做到日清月结，便可核算出月食品成本。

①领用食品成本核算公式如下：

领用食品成本＝月初食品库存额（本月第一天食品存货）＋本月进货额（月内入库、直接进料）－月末账面库存额（本月最后一天账面存货）

表4－1　某餐饮企业日食品成本分析表

日期	直接进料成本/元	库房发料成本/元	内部调拨/元		员工用餐成本/元	招待用餐成本/元	其他扣除成本/元	食品成本/元		营业收入/元		食品成本率（%）	
			调入成本	调出成本				当日	累计	当日	累计	当日	累计
1	18560	22130	625	435	350	1280	0	39250	39250	83511	83511	47.00	47.00
2	4600	23650	1250	450	350	0	0	28700	67950	59792	143302	48.00	47.42
3	3800	21400	0	1550	350	0	0	23300	91250	45686	188989	51.00	48.28
4	24600	20470	1105	225	350	0	0	45686	136900	111341	300330	41.00	45.58
5	19820	19820	290	1415	350	0	0	21755	158655	41047	351377	53.00	46.47
6	22180	22180	0	925	350	2660	0	23805	182460	48582	389959	49.00	46.79
7	4840	20880	1560	440	350	0	0	26490	208950	59395	449353	44.60	46.50
…	…	…	…	…	…	…	…	…	…	…	…	…	…
29	33100	22160	1400	340	350	0	400	55970	928155	126420	1958177	44.27	47.40
30	2800	18100	0	1365	350	0	0	19185	947340	101258	2059435	18.95	46.00

②账面差额调整。根据库存（如仓库、厨房周转库房、冷库）盘点结果，若本月食品实际存额小于账面库存额，应将多出的账面库存额加入食品成本；若实际库存额大于账面库存额，应从食品成本中减去实际库存额多出的部分。账面差额的计算公式如下：

账面差额＝账面库存（本月最后一天账面库存）－月末盘点存货（实际清点存货）

月终调整后的实际领用食品成本如下：

实际领用食品成本＝未调整前领用食品成本＋账面差额

③专项调整。领用食品成本、账面差额调整核算结果之和所得的食品成本，其中可能包括已转给非食品部门的原料成本，也可能未包括从非食品部门转入的食品成本。为了能如实反映月食品成本，还应对上述食品成本进行专项调整，减去非营业性支出。经过专项调整后所得的食品成本为当月的月终食品成本，计算公式如下：

月终食品成本＝领用食品成本（含烹调用料酒等）－酒吧领出食品成本－下脚料销售收入－招待用餐成本－员工购买食品收入－员工用餐成本

将当月或上月各项食品成本支出情况加以汇编，即为食品成本月报表，见表4-2。

表4-2　某餐饮企业食品成本月报表

项目	金额
月初食品库存额	21000元
本月进货额	150000元
月末账面库存额	6000元
月末盘点存货差额	600元
本月领用食品成本	165600元
转入酒吧等食品	18000元
下脚料销售收入	3200元
招待用餐成本	3100元
员工购买食品收入	600元
员工用餐成本	1500元
月食品成本	155400元
月食品营业收入	322400元
标准成本率	47%
实际成本率	48.2%

上表显示，实际成本率比标准成本率高出1.2%，说明成本控制得较好，但仍有需要改进之处。

技能训练 1　菜肴和宴会成本的核算方法

（1）菜肴成本核算　主要分为原料初加工后的成本核算和成品的成本核算两个方面，同时调味品的成本也是不容忽视的一部分。

（2）宴会成本核算

1）分析宴会订单，明确宴会服务方式与标准。就成本核算而言，宴会订单包括宴会名称、出席人数、宴会地点、宴会标准、酒水费用安排、菜点要求等。分析宴会订单主要是掌握宴会标准，以便对成本核算做出具体安排。

2）核算宴会可容成本和分类菜点可容成本。宴会中的菜点和酒水分开结算，成本核算主要是菜点成本。根据毛利率核算出宴会菜点的可容成本和分类菜点的可容成本，其计算方法如下：

$$C=M(1-r)$$

$$Ci=Cf$$

式中，C是宴会菜点可容成本；M是宴会标准收入额；r是宴会毛利率；Ci是分类菜点可容成本；f是分类菜点成本比率。

3）选择菜点花色品种，安排分类菜点品种和数量。宴会一般按桌举办，分类菜点可容成本确定后，根据可容成本数量安排不同种类的菜点品种、数量，如冷荤及热菜的数量，面点、水果、汤类各上哪些品种等，使宴会成本限制在可容成本范围之内。如果是西餐宴会或自助餐宴会，可根据出席人数核算可容成本及分类菜点成本。总之，安排菜点花色品种和数量时，可容成本是宴会成本核算的主要依据。

4）按照宴会可容成本组织生产，检查实际成本消耗。宴会分类菜点可容成本确定后，厨房根据分类菜点花色品种和可容成本组织生产，每个品种都应掌握投料的标准用量，使实际成本不超过可容成本的规定范围。宴会结束后，还应分类检查各类菜点的实际成本，防止成本超支，保证宴会有利润。

5）分析成本误差，填写宴会成本记录表。宴会完成后，成本核算员应根据各类菜点的实际成本，填制宴会成本记录表，并和可容成本比较，分析成本误差，找出宴会成本控制中的问题，分析原因，提出改进措施，以便不断改进宴会成本核算工作，提高成本管理水平。

技能训练 2　厨房成本核算报表

厨房每日生产成本报表的填写，主要由直接进料成本和库房领料成本两部分组成，同时还包括当日厨房调入成本和调出成本，以及员工用餐成本、余料成本、其他支出等。

厨房每月成本报表用来核算一个月内食品销售成本。项目包括月初食品库存额（本月第一天食品存货）、本月进货额（月内入库、直接进料）和月末账面库存额（本月最后一天账面存货），经过综合核算得出本月实际食品成本，见表4-3。

表4-3 某酒店中、西餐厅食品成本月报表

时间：××××年×月×日

类别	部门	
	中厨房	西厨房
期初结存/元	35148.39	30322.03
直拨/元	122022.72	11831.66
仓领/元	38257.20	20540.78
转入/元	289.93	834.50
转出/元	848.24	1024.47
期末结存/元	21412.73	32720.04
食品成本小计/元	173457.27	29784.46
食品收入/元	358538.50	94843.60
食品成本率	48.38%	31.40%
标准成本率	40%	

制表人：　　　　　　　　审核人：

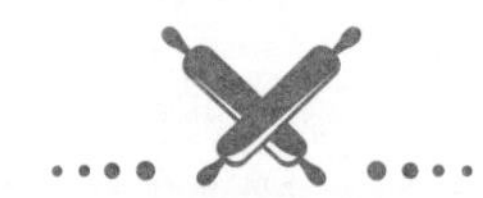

4.2 厨房生产管理

厨房生产流程包括原料加工、配份（配菜）、烹调三个主要程序。期间的管理实际上是对生产质量、产品成本、制作规范三个流程加以检查、督导，制订生产标准，以保证产品的质量标准和优质形象，达到预期的成本标准，避免浪费，控制生产中的折损，保证员工按制作规范操作，形成最佳的生产秩序和流程。

4.2.1 厨房生产各阶段的管理要求

1. 加工阶段工作程序与要求

（1）动物性原料加工程序与要求

1）程序：备齐各类加工原料，准备用具、盛器；根据菜肴用料规格，将洗净原料进行合乎规范的切割处理；将加工后的原料进行下一步处理，如上浆、腌制等。

2）要求：注意原料的可食性，确保用料的安全性；用料部位或规格准确，物尽其用；分类整齐，成型一致；清洁场地，清运垃圾，确保场所和器具的卫生。

（2）植物性原料加工程序与要求

1）程序：剔除不能食用的部分；修削整齐，符合规格要求；无泥沙、虫尸、虫卵，洗涤干净，沥干水分；合理放置，避免污染。

2）要求：备齐原料和数量，准备用具及盛器；按菜肴要求对原料进行拣摘或去皮，或摘取嫩叶、心；分类加工和洗涤，保持其完好，沥干水分备用；交厨房领用或送冷藏库暂存；清洁场地，清运垃圾，清理用具，妥善保管。

（3）原料切配工作程序与要求

1）程序：备齐需切割的原料，解冻至可切割状态，准备用具及盛器；对切割原料进行初步整理，铲除筋、膜皮，斩净脚、须等下脚料；根据不同烹调要求，分别对畜、禽、水产品、蔬菜类原料进行切割；区别不同用途和领用时间，将已切割原料分别包装冷藏或交上浆岗位浆制。

2）要求：大小一致，长短相等，厚薄均匀，放置整齐；用料合理，物尽其用。

关于原料加工程序和要求，要根据原料的不同特性和加工要求，进行多次测试，设计出完整的操作规范，作为生产的参照。

2. 烹调阶段细则

烹调阶段主要包括打荷、炉灶菜肴烹制、打荷盘饰用品的制作、大型活动的餐具准备和问题菜肴退回厨房的处理等工作，操作要点有以下两方面。

（1）炉灶菜肴烹制工作程序

1）准备用具，开启油烟机，点燃炉火。

2）对不同性质的原料，根据烹调要求，分别进行焯水、过油等初步熟处理。

3）吊制清汤、高汤或浓汤，为烹制高档菜肴及宴会菜肴做好准备。

4）熬制各种调味汁，制备必要的用糊，做好开餐的各项准备工作。

5）开餐时，接受打荷的安排，根据菜肴的规格标准及时进行烹调。

6）开餐结束，妥善保管剩余食品及调料，擦洗灶头，清洁整理工作区域及用具。

（2）问题菜肴退回厨房处理程序

1）问题菜肴退回后，及时向厨师长或有关技术人员汇报，进行复查鉴定。

2）若属烹调失当菜肴，交打荷即刻安排炉灶调整口味，重新烹制。

3）无法重新烹制的菜肴，由厨师长交配份岗位重新安排原料切配，并交予打荷。

4）打荷接到已配好或已安排重新烹制的菜肴，及时分派炉灶烹制，并交代清楚。

5）烹调成熟后，按规格装饰点缀，经厨师长检查认可，迅速递给备餐划单出菜人员上菜，并说明清楚来龙去脉。

6）餐后分析原因，计入成本，同时做好记录，采取相应措施，避免类似情况再次发生。

3. 冷菜、点心制作程序

（1）冷菜制作程序

1）打开并及时关灭紫外线灯，对冷菜间进行消毒杀菌。

2）备齐冷菜用原料、调料，准备相应盛器及各类餐具。

3）按规格加工烹调冷菜及调味汁。

4）接收订单和宴会通知单，按规格切制装配冷菜，并放于规定的出菜位置。

5）开餐结束，清洁整理冰箱，将剩余食品及调味汁分类放入冰箱，清洁场地及用具。

（2）点心制作程序

1）领取备齐各类原料，准备用具。

2）检查整理烤箱、蒸笼的卫生和安全情况。

3）加工制作点心及其他半成品，切配各类料头，预制部分宴会、团队点心。

4）准备所需调料，备齐开餐的各类餐具。

5）接收订单，按规格制作出品各类点心。

6）开餐结束，清洁整理冰箱，将剩余食品及调味品分类放入冰箱，清洁设备器具。

4.2.2 标准菜谱管理

1. 标准菜谱的概念与作用

（1）标准菜谱的概念　标准菜谱指以菜谱的形式，标明菜肴（包括点心）的用料配方，规定制作程序，明确装盘规格、成品特点及质量标准，这是厨房每道菜点生产的全面技术规定，也是不同时期用于核算菜肴或点心成本的可靠依据。

（2）标准菜谱的作用

1）保证产品质量标准化。采用标准配料和标准生产规程，保证菜肴每次生产质量都一致，使菜肴的味道、外观和顾客欢迎度保持稳定。

2）有利于控制菜肴生产成本。规定每份菜肴的标准配料、用量，便于核算每份菜肴的标准成本。每份菜肴标准成本和销售量确定之后，可算出菜肴生产的总标准成本，利于控制实际成本。

3）有助于确定菜肴价格。菜肴定价的主要方法是以成本作为基础，标准菜谱上规定了每份菜肴的标准成本，管理人员可据此确定菜肴的价格。

2. 标准菜谱的内容与要求

标准菜谱的制订包含四个方面：标准配料量、标准烹调程序、标准份额和烹制份数、单份菜肴标准成本。

1）标准配料量。规定生产菜肴所需的各种主料、配料和调味品的数量，即标准配料量。在确定标准生产规程以前，要确定生产一份标准份额的菜肴所需原料的种类、用量，以及每种原料的成本单价。

2）标准烹调程序。标准菜谱要规定菜肴的标准烹调方法和操作步骤。标准烹调程序要详细、具体规定烹调所需的炊具、工具，原料加工切配方法、加料数量和次序、烹调方法、烹调温度和时间，同时还要规定盛放餐具、装盘方法等。标准份额、烹制份数和烹调程序一般由厨房自行编制，不能通过一次烹调就制订规定，须经多次试验或实践，不断地改进，直至生产出的菜肴色、香、味、形俱佳，得到顾客肯定为止。这样的菜品份额、配料种类、配料用量和烹调程序才能作为生产标准，再将标准配料量和标准生产规程记录在卡片上供生产人员使用。

3）标准份额和烹制份数。实际生产中，有些菜肴只适合一份一份地单独烹制，有的则可以数份甚至数十份一起烹制，因此，菜谱中对该菜肴的烹制份数必须明确说明，才能正确核算标准配料量、标准份额和每份菜的标准成本。

标准份额是某份菜肴以一定价格销售时规定的数量。每份数量必须一致。如一份小盘酱牛肉的分量是200克，每次销售时，分量应该保持一致，达到规定的标准份额。

4）单份菜肴标准成本。首先通过试验，将各种菜肴的制作份数、配料和用量，以及烹调方法固定下来，制订出标准，然后将各种配料的价格相加汇总出菜肴生产的总成本，再除以制作份数，得出每份菜的标准成本。每份菜品的标准成本是控制餐饮成本的工具，也是菜肴定价的基础，计算公式如下：

$$\text{单份菜肴标准成本}=\frac{\text{各种配料成本单价}\times\text{各配料量}}{\text{制作份数}}$$

每份菜的标准成本率是标准成本额占菜肴售价的比例，公式如下：

$$\text{单份菜品标准成本率}=\frac{\text{标准成本额}}{\text{售价}}\times 100\%$$

3. 标准菜谱的制订与管理

制订标准菜谱时，要考虑两种情况：一是即将开业的餐饮企业，要科学地计划菜点品种，制订适合自己经营要求的菜肴生产制作规范，这点对正在经营中的餐饮企业增添、新创菜肴品种时同样适用；二是正在生产经营的餐饮企业，对现行标准菜谱进行修正和完善，适应新的消费需求。

制订标准菜谱要选择合适的时间，如分期组织餐饮管理人员、厨师和服务员进行专门研究，哪些需要补充，哪些需要进一步规范。管理人员要对菜品销售情况进行分析，提供参考意见；服务人员要及时反馈顾客在消费过程中提出的意见和建议；厨师要对菜肴配置、器皿等进行复查和完善。因此制订标准菜谱也是餐饮管理不断完善的过程。

在管理上，标准菜谱一经制订，必须严格执行。在使用过程中，要维持其严肃性和权威性，减少随意投料和乱放而导致菜肴质量不一致、不稳定的现象，确保标准菜谱在规范厨房出品质量方面发挥应有的作用。

技能训练3　制订操作性强的标准菜谱

标准菜谱应包括这些内容：标准份额、烹制份数、标准投料量、标准烹调程序和标准成本。使用标准菜谱的最大好处是能够保证菜肴生产质量的稳定。不至于因员工流动，而影响

菜肴的质量，也有利于增加回头客。同时，也便于控制菜肴成本和确定菜肴价格。

标准菜谱的示例见表4-4、表4-5。

表4-4 标准菜谱：自贡兔丁（热菜）

烹制方法	干烧	成品味型	麻辣	烹制份数	10份	菜品参考照片
菜品用途	零点	芡汁要求	无	质地要求	肉质坚实	
主料成型	2厘米见方的丁	成品形状	堆状	烹饪时间	28分钟	
配料成型	无	成品温度	90℃以上	成品总重量	405克	
成品色彩	金黄	盛器要求	异形盘	烹制程度	全熟	

原料类别	原料名称	规格	净重	单价	成本
主料	去皮兔	—	300克	4元/100克	12元
辅料	干辣椒	纯干	70克	5元/100克	3.5元
	花椒	纯干	15克	8元/100克	1.2元
	酥花生米碎	纯干	5克	2元/100克	0.1元
调料	味精	袋装太太乐	2克	2元/100克	0.04元
	鸡精	袋装太太乐	4克	2元/100克	0.08元
	胡椒粉	干粉瓶装	1克	8元/100克	0.08元
	香油	瓶装	1克	6元/100克	0.06元
	花椒油	瓶装	1克	6元/100克	0.06元
	菜籽油	分装	50克	2元/100克	1元
	其他	八角、老姜、大葱、白糖、料酒、醋鲜汤少许			1.5元

主辅料成本	19.62元	酱料总成本	2.82元
食品总成本	22.44元	辅材成本	—
食品成本率	59%	售价	38元

烹制流程	①去皮鲜兔改刀成丁块，加葱、姜和酱料腌制20分钟 ②兔丁入180℃高温油锅，炸至金黄捞起控油。锅里另加油烧热，放入八角、大料、花椒，干辣椒段炒香，再入大葱段，直到炒出香味，加入适当的鲜汤，迅速捞出大葱段，放入兔丁烧煮 ③锅里汤汁快收干时，加味精、鸡精、胡椒粉，浇上花椒油、香油亮油；汤汁收干起锅装盘，撒上花生碎即可
操作关键	把握好火候，兔肉的水分不宜太多，也不能太干，也可撒上熟芝麻
风味特点	色泽红亮、肉质坚实、有嚼劲，麻辣浓香、味道鲜美、口味纯正，佐酒尤佳，具有典型的地方风味

主要原料营养成分（参考值）	能量	蛋白质	脂肪	碳水化合物	粗纤维	水分	钠
	306千卡	59.1克	6.6克	2.7克	0	228.6克	45.1微克
备注							

表4-5　标准菜谱：银芽鸡丝（热菜）

菜品名称	银芽鸡丝	菜品照片
菜品用途	零点	
菜谱号	No.100	
餐具要求	9英寸（23厘米）	
总成本	13.14元/份	
食品成本率	47%	
售价	28元/份	
日期	2019.2	
成品特点	清鲜、爽口、色白	

原料名称	重量/克	预算成本/元		烹制流程	备注
		单价	总价		
鸡脯肉	200	12	4.8	①鸡脯肉切成细丝（6厘米×0.2厘米×0.2厘米），加盐、鸡蛋清和干淀粉上浆拌匀 ②绿豆芽去芽头、根洗净，焯水，捞出，沥去水分 ③用盐、料酒、味精和水淀粉调成味汁，备用 ④炒锅上火烧热，加色拉油，放入鸡丝滑油，沥干 ⑤炒锅上火，放入绿豆芽、火腿丝、葱白丝翻炒到豆芽断生，再放入鸡丝炒匀，加味汁颠翻，淋油，翻匀，盛放盘中	无装饰
盐	5	2	0.02		
鸡蛋清（1个）	38	3	0.4		
干淀粉	10	6	0.12		
绿豆芽	250	2	1.0		
料酒	10	3	0.06		
味精	3	20	0.12		
色拉油	50	7	0.7		
火腿丝	50	58	5.8		
葱白丝	30	2	0.12		
标准成本	13.14元/份				

复习思考题

1. 简述厨房生产作业流程中成本控制的类型及内容。
2. 制作一份食品成本月报表。
3. 简述标准菜谱的内容与要求。
4. 设计一份菜肴标准菜谱。
5. 简述原料各加工阶段的管理内容。
6. 简述厨房与前厅协作管理的方法。
7. 简述厨房产品促销方式及具体手段。
8. 简述厨房菜肴创新的方法。

项目 5

培训指导

培训指导
培训计划和培训教案
培训计划
培训教案的编写程序及要求
工艺指导
讲授指导法
演示指导法
模拟指导法
比较指导法

5.1 培训计划和培训教案

5.1.1 培训计划

1. 培训需求

在中式烹调师培训过程中，确定培训需求是设计培训项目、建立评估模型的基础。确定培训需求主要是找到培训活动的焦点，确定合适的培训内容，挑选适当的培训方法，使员工掌握企业发展所需要的知识和技能。而找到真正的需求是增强培训效果的关键，通过需求分析，明确员工的现状，了解员工目前具有的知识和技能，而企业发展需要具有什么知识和技能的员工，若预期技能大于现有技能，则要求培训。确定培训需求一定要遵循理论与实践相结合、培训与提高相结合、人员素质培训与专业素质培训相结合、促进员工全面发展和因材施教的基本原则。

为确定培训需求，一般从三个方面进行需求分析，即组织分析、工作分析和人员分析，见图5-1。

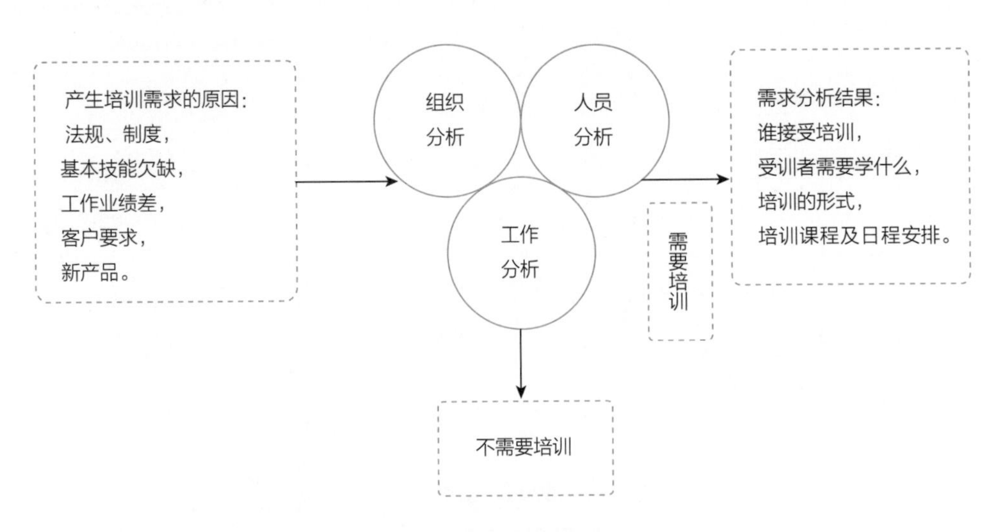

图 5-1　培训需求分析框架

（1）组织分析　从组织目标和组织战略出发，分析人力资源开发的需求，如经营层次的需求（经营目标计划）、管理层次的需求、经办人员的需求等。企业的发展是通过人来实现的。员工应该了解企业的发展目标与个体发展之间的关系，而培训要使个人的水平符合企业发展的要求，如餐饮企业以高级会所和高消费人群为目标，则厨房工作人员要了解高档原料、高档餐具等有关知识，以及目前流行的菜点呈现方式。

（2）工作分析　工作分析的目的是确定培训与开发的内容，即员工达到令人满意的工作绩效必须掌握的知识，如工作态度、专业知识、专业技能等，这正是许多企业培训员工的目的。

知识和技能的缺乏，容易由培训手段来解决；工作上的粗心态度或许也可以经过培训来纠正，但改变态度非常难，若是通过绩效考评、奖惩制度来解决则容易得多。

通过工作分析使员工了解某项工作（某项职位）的最低要求是什么，而没有满足工作要求或职务标准的最低要求就必须接受培训。

（3）人员分析　人员分析的目的是确定每一名员工对于工作任务完成的好坏，这个需求分析可以由以下公式来确定。

理想工作绩效=实际工作绩效+培训开发需求

实际工作绩效与理想工作绩效之间的差距可以由培训和开发来缩小弥补。对员工的实际工作绩效通常采用知识测验法、能力测评法和工作观察法进行考察。

确定培训开发需求可以采用观察法、问卷调查法、面谈法、阅读技术手册和访谈等方法，见表5-1。

表5-1　培训需求分析方法的比较

方法	实施要点	优点	缺点
访谈	确定访谈对象和人数 准备好访谈提纲 访谈中注意气氛和过程控制 整理并分析结果	工作灵活、信息直接 更容易得到员工的支持和配合	分析难度大 被访对象有其主观性 需要水平高的访问者
观察	比较适用于操作技术方面的工作 一般在非正式情况下进行，以免造成被观察者的紧张不适	得到有关工作环境的数据 将评估活动对工作的干扰降至最低	需要高水平的观察者 员工的行为方式有可能因为观察者而受影响
小组工作	小组成员的选择和人数确定（一般8~12人） 小组成员更有代表性 注意气氛和过程控制 整理并分析结果	分析更全面 有利于发现培训需求的具体问题，及时找到解决办法	费时 工作小组需要有良好的组织、协调能力 费用较高
问卷调查	列出培训者所需了解的事项 将列出的事项转化为问题 设计问卷 问卷试答、修改 发放并回收问卷 对问卷结果进行分析	费用低廉 可大量收集数据进行归纳总结	时间长 回收率不能保证，有些答案不符合要求 不够具体

在这些方法中，问卷调查更为突出，它可以大规模进行，允许对结果进行量化处理，揭示出的信息具有比较性，因而在实际中运用得更为普遍。

2．培训目标

培训总目标是宏观的、抽象的，需要不断地分层次细化，使其具体化，才有可操作性。

在明确员工现有知识技能与预期工作目标的差距时，即可确定培训目标，接下来要将培训目标进一步细化，转化为各层次的具体目标。目标越具体可操作性越强，越有利于总体目标的实现。

设置培训目标将为培训计划提供明确的方向和遵循的构架。有了目标，才能确定培训对象、内容、时间、师资、方法等具体内容，可在培训之后，对照目标进行效果评价。

3．培训内容

培训内容一般包括三个层次，即知识培训、技能培训和素质培训。究竟该选择哪个层次的培训内容，各企业应根据需求来选择。

知识培训是培训的第一层次。知识培训有利于员工理解概念，增强对新环境的适应能力，减少企业引进新技术、新设备、新工艺的障碍和阻力。

技能培训是培训的第二个层次，指培训员工的操作能力。

素质培训是培训的最高层次，指培训提升员工的综合素质，使其有积极的态度和良好的思维习惯。

对于中式烹调师而言，其培训内容见表5-2。

表5-2　中式烹调师技能与知识要求

内容	技能	知识
培训	根据培训内容和教材内容撰写培训教案 对初级、中级、高级烹调师进行培训	培训计划的编制方法 培训教案的编写要求
指导	对初级、中级、高级中式烹调师进行刀工及原料初加工的指导	刀工及原料初加工的指导方法
	对初级、中级、高级中式烹调师进行烹调技法及调味的指导	烹调技法及调味的指导方法

4．培训对象

企业的重点培训对象包括如下类型的员工。

（1）新招聘员工　对新员工进行培训，可以使他们顺利地进入工作状态，有一个良好的工作开端，有效地开展职业生涯，为企业或组织发展建功立业。

（2）可以改进目前工作的员工　这类员工一般是企业成组织的骨干力量，对他们进行培训可以使他们进一步提升工作业绩，促成组织目标的达成。

（3）应企业的要求掌握其他技能的员工　这类员工一般分两种情况：一种是企业的技术骨干更新知识或发展成为复合型人才的需要；另一种是转岗的需要，这些人虽不算是企业的技术骨干，但通过培训完全可以担当或胜任新岗位的工作。

（4）有潜力的员工　一般指企业的特殊人才，他们具有创新能力和潜质。对他们进行培训，目的是发掘和激发其潜在才能，更好地为企业做出贡献。因此企业往往期望他们通过培训，掌握各种不同的管理知识和岗位技能，能胜任更复杂更高层次的工作岗位。

5. 培训时机

员工培训计划的设计必须明确何时需要培训，通常情况下，有下列四种情况之一时就需要进行培训。

（1）新员工加盟　大多数新员工都要通过培训，熟悉组织的工作程序和行为准则，了解组织运作中的具体问题。

（2）员工即将晋升或岗位轮换　虽然老员工对组织的规章制度、组织文化及现任的岗位职责都十分熟悉，但晋升或轮换到新岗位，从事新的工作，则会产生新的要求，为了适应新岗位，必须进行培训。

（3）由于环境的改变，要求不断地培训老员工　由于多种原因，需要对老员工不断进行培训。如厨房引进新设备，则要进行新技术的培训来改进新菜品。为了适应市场需求的变化，企业都在不断调整自己的经营策略，每次调整后，都需对员工进行培训。

（4）满足补救的需要　由于员工不具备某些工作所需要的基本技能，从而需要培训进行补救。在两种情况下，必须进行补救培训，一是由于劳动力紧缺等原因，招聘了不太符合要求的职员；二是招聘时员工似乎具备条件，但实际工作中却不尽如人意。

6. 培训时间

一般而言，培训的时间和期限可以根据培训的目的、场地、讲师、受训者的能力及上班时间等因素来决定。一般新入职员工的培训（不管是操作员还是管理人员），可在实际从事工作前实施，培训时间可以是7~10天，甚至一个月。而在职员工的培训，则可根据培训者的工作能力、经验来决定培训期限的长短。培训时间的选定以尽可能不影响工作为宜。

7. 培训讲师

一般由学有专长、具备特殊知识和技能的人员担任培训师。企业内的领导是比较合适的人选，如厨师长，他们既具有精深的专业知识又具有丰富的工作经验。此外，根据需要企业也会从外部聘请培训师。外部培训资源和内部培训资源各有优缺点，两者结合起来是最佳选择。

8. 培训场地

培训场地一般可分为内部培训场地和外部培训场地两种。

内部培训场地的培训项目主要是工作现场的培训和部分技术、技能或知识、态度等方面的培训。利用公司内部现有的培训场地，优点是组织方便、节省费用；缺点是培训形式较为单一，且受外部环境影响较大。

外部培训场地的培训项目主要是一些需要借助专业培训工具和培训设施的项目，或是利用其优美安静的环境实施一些重要的专题研修等的培训，其优点是可利用特定的设施，离开工作岗位专门接受训练，且应用的培训技巧比内部培训多样化，缺点是组织较为困难，且费用较高。

9. 培训方法

培训方法是实施培训的重要手段，常见的方法有讲授法、演示法、案例法、讨论法、角色扮演法等。各种培训方法都有优缺点，为了提高培训质量，达到培训目的，往往需要各种方法结合起来综合使用。

10. 培训计划

培训计划是企业组织员工培训的实施纲领。针对企业不同层次的要求，有一系列的培训计划，如有根据本企业战略目标设计的长期培训计划，有每年制订的年度培训计划及具体到每种培训课程的课程培训计划。

（1）长期培训计划　长期培训计划是从企业战略发展目标出发而制定的。长期培训计划的设计要求掌握企业组织架构、功能与人员状况，了解企业未来几年发展方向与趋势，了解企业发展过程中员工的内在需求等。

（2）年度培训计划　年度培训计划以企业本年度的工作内容为主题，包括培训对象、培训内容、培训方法和方式，以及培训费用预算。

年度培训计划与企业长期培训计划总体目标要保持一致，它应服务于企业的经营目标。

（3）课程培训计划　课程培训计划是在年度培训计划的基础上，就某一培训课程进行的目标、内容、形式、培训方式、考核方式、培训时限、受训对象、讲师等细节的策划。课程目标应明确完成培训后培训对象所应达到的知识技能水平。

11. 培训计划的基本内容

培训计划的基本内容包括培训目标、培训原则、培训需求、培训时间、培训方式、培训组织人、考评方式和培训费用预算等内容。

12. 培训效果评价

培训效果的评价包括两层含义，即对培训工作本身的评价，以及对受训者通过培训后能力提升程度的评价。整个培训效果评价可分为三个阶段，第一阶段，侧重于对培训课程内容是否合适的评定，通过组织受训者讨论，了解他们对课程的反应。第二阶段，通过各种考核方式和手段，评价受训者的学习效果和学习成绩。第三阶段，在培训结束后，通过考核受训者的工作表现来评价培训的效果。如对受训者前后的工作态度、熟练程度、工作成果等进行比较来评价。

5.1.2 培训教案的编写程序及要求

教案是教师实施指导的基本文件，作为技师承担培训任务时，编写教案是必须要掌握的技能。

1．教案的基本内容

教案的内容是指导过程的具体内容，指导过程一般由组织指导、复习旧课、导入新课、讲授新知识、巩固新知识、布置作业环节组成。

教案是以课时为单位的具体指导计划，即每节课的指导内容和方案。一个完整的教案一般包括培训课题、培训对象、授课时间、指导目的、指导重点难点、指导方法、指导进程（包括指导内容的安排、指导时间的分配等）。根据教师对教材的熟悉程度和实践经验的不同，教案可以有详有略，不必强求一种格式。

2．教案的基本形式

教案形式多种多样，根据教师的特点和指导内容的需要，教案一般有讲稿式教案、多媒体教案、方法说明性教案、流程式教案和过程设计式教案等。

3．教案的准备

准备教案要做好三方面的工作。首先要了解培训对象的年龄、文化层次、专业技术基础及已有的专业知识的来源，以此确定指导内容、指导重点、指导难点和指导方法。其次要掌握培训教材的全部知识点，认真分析教材的内容，明确指导重点和难点。再次要选择合理的指导方法，具体包括课堂指导的方法、指导安排中导入新课、复习旧知识、巩固新知识等具体实施方法，同时还包括实施指导方法的手段，包括教具、课件和板书等。

4．编写教案的注意事项

（1）尊重成人教育的规律　企业培训均是针对成人，而且具有职业性的特点，教案要符合成人教育的规律。

（2）理论联系实际　教案要根据受训者的认知规律安排指导内容，使受训者在理论与实际的联系中理解和掌握。

（3）强调知识结构与受训者的认知结构相结合　在教案编写过程中，教师要按照知识结构的特点和受训者的认知特点来安排指导内容。

（4）因材施教　针对受训者特点安排培训教案，要采用多种措施，使每位受训者都能提高。

技能训练1 培训计划的编制——中式烹调师培训计划

本培训计划是根据企业员工培训与开发的工作目标，组织有关专家开展调查研究，依托本企业收集资料，在进行综合分析、反复论证的基础上编写的。本培训计划适用于本企业从事烹饪工作5年以上的员工。

（1）培训目的　通过培训，使学员掌握先进的、科学的现代专业技术新观念和新知识、新技术，提高学员的专业理论水平、技能和管理能力；掌握与工作实践密切相关的知识，加强员工在工作中综合应用的能力；不断推出创新产品，在市场竞争中获胜。

（2）培训对象　本企业工作5年以上的中式烹饪工作员工。

（3）培训内容与要求　培训的重点是菜点发展与创新、原料运用与加工、产品设计、产品成本核算、食品营养与卫生、现代厨房管理、专业英语等内容。

1）菜点发展与创新。使学员了解我国烹饪发展的主要阶段及其主要成就，能对中西烹饪进行异同比较，掌握菜点创新的内涵、原则和方法。了解科技进步的现状和发展趋势，掌握创新技法，了解和掌握菜点的发展趋势，了解烹饪的新材料、新方法、新工艺和新设备。

2）原料运用与加工。使学员掌握烹饪原料的分类方法，熟悉高档烹饪原料的主要产地和鉴别方法，培养学员用科学的方法对原料进行保管，对高档鲜活原料和干货原料进行加工。

3）产品设计。使学员掌握产品设计的基本内涵，了解烹饪美学的基本要求，能够设计一般产品、宴会产品及组合产品，结合市场需求设计受消费者欢迎的产品。

4）产品成本核算。使学员掌握餐饮产品成本核算的要素和一般控制理论及方法，熟练掌握餐饮产品核算的方法，能对相关的餐饮报表进行分析，独立制作标准菜谱。

5）食品营养与卫生。使学员掌握食品卫生法的基本内容和要求，能制订营养菜谱和特殊菜谱，掌握菜点的热量计算。

6）现代厨房管理。使学员了解厨房管理的意义，掌握现有厨房资源的合理配置、厨房的生产流程，能指导新厨师安全使用设备，提高与其他部门一起完成大型任务的协调能力。

7）专业英语。使学员能借助英语字典看懂简单的与宴会、餐厅等相关的英语资料。

（4）培训时间　2022年8月——2022年9月，每周二、周五14:00~16:00。

（5）培训场地　多媒体教室。

（6）培训方式　外聘专家和企业内部培训讲师相结合，集中培训和员工自学相结合，理论指导和实际应用相结合，教师师范和员工实际操作相结合。

（7）培训责任人　人力资源部经理、餐饮部经理、厨师长。

（8）培训费用　每人800元。

技能训练2 培训教案的编制——中式烹调师培训教案

培训教案见表5-3、表5-4、表5-5。

表5-3 培训课程设计

指导过程	时间分配	指导内容	指导方法
复习旧课，导入新课	5分钟	利用多媒体课件对上节内容进行回顾，并为学习新课做准备	展示、提问、讲述
讲授、示范新知识	20分钟	对清蛋糕的制作过程进行示范	讲解、示范、展示
学员实践	45分钟	学员分组进行清蛋糕制作、品种展示，最后评分	巡视、指导
教师评价	10分钟	对学员的操作讲评、打分、缺憾分析，布置作业，巩固所学知识	讲解
布置作业	5分钟	清蛋糕的操作报告及缺憾分析	讲解
卫生清洁	15分钟	学员打扫卫生	监督

表5-4 培训基本内容

授课时间	2022年8月8日	培训目的	通过培训，掌握清蛋糕的制作方法
授课对象	新员工12人	培训重点	清蛋糕的搅拌和成熟
培训地点	点心房	培训难点	清蛋糕的搅拌程度和成熟程度的判断
授课类型	技能操作	培训方法	讲授、示范、演练相结合
授课教师	张三	培训内容	①清点人数，准备上课 ②通过提问，检查学员对前面课程的掌握情况，并计入成熟考核表
课时	100分钟		

表5-5 培训教案

授课时间	指导行为	具体培训内容	方法运用
20分钟	讲授、示范新知识	通过品种图片实例，提起学员的学习兴趣，对清蛋糕制作具体讲解后，接着演示和操作，使学员熟悉并掌握清蛋糕的技术理论和操作技巧 ①原料：鸡蛋600克，白糖300克，低筋粉300克 ②器皿准备：烤盘1个，刮板1个，容器1个，蛋抽1个 ③制作工艺流程：备料、打发、成型、烘焙、成品 ④注意事项：面粉要过筛；蛋液要搅打充分，正确掌握搅打程度；灵活掌握烘烤时间	讲解示范展示

（续）

授课时间	指导行为	具体培训内容	方法运用
45分钟	巡回、指导	学员操作 ①蛋糕制作关键技术指导（难点） ②纠正学员在操作中的不规范动作（重点），如投料的顺序、蛋糕打发的时间、烘烤调温等	讲解指导
15分钟	教师评价	对学员的操作讲评、打分、缺憾分析、布置作业，巩固所学知识 ①对学员的实操成绩进行登记 ②对实操中出现的问题进行分析和总结 ③加强学员的职业道德观念，注重食品卫生 ④回答学员提出的问题	讲解提问
5分钟	布置作业	完成清蛋糕的操作报告及缺憾分析，预习下节课的实训理论知识	讲解
15分钟	卫生清洁	①案台、地面清洁 ②工具清洗干净，摆放整齐	监督

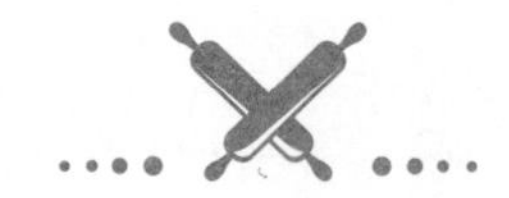

5.2 工艺指导

烹饪培训具有实践性，在教师指导下有学员活动的主体性，烹饪知识与技能指导的多样性、工艺指导条件的制约性，且具有培养学员“烹饪素质”的复杂性。

5.2.1 讲授指导法

1. 概念

讲授指导法是培训教师通过循序渐进的叙述、描绘、解释、推论来传递信息、传授知识、阐明概念、论证规律，引导学员分析和认识问题的指导方法。

2. 特点

（1）有利于发挥教师的主导作用　在讲授指导法中，教师占主导地位，对信息的传递由易到难，由浅入深；而且可以在相对短的时间内传递大量系统化信息。

（2）应用范围极其广泛　讲授指导法适用于各层次的培训指导，其他培训指导方法实际上是在讲授的基础上，或围绕讲授进行的，并由讲授居主导地位。因此，讲授技能是教师运用指导方法的基本功，也是提高课堂指导质量的重要手段。另外，该方法也不受地域条件的限制。

3．注意事项

（1）讲授要有科学性　内容要科学，课堂上所讲的内容应是完全正确的，是目前理论界和行业所公认的。

态度要科学，以科学的认识论和方法论为指导，讲解烹饪理论中的概念、原料和规律，不能信口雌黄，不主观片面，不搞绝对化。菜肴的各种制作方法、各种风味的调制等，因口味和地域存在差异性，故不能有太多规定，所谓“食无定法，适口者珍”。

语言要科学，烹饪学科有自身的理论体系和特有的概念范畴，从语言的角度来说，就是专业术语，即指导中和专业中的“行话”。专业术语是本学科的共同语言，有其确切的含义，用它讲授才能准确地传递信息。语言不严密，则会产生歧义，出现偏差。

（2）讲授要有适应性　教与学要相互适应，适应学员的思维习惯。教师要将教材语言、教案语言转化为口头语言，让学员听得清、听得懂。

讲授的适应性不是一味地迎合学员，而应适当提高难度，采用启发式教学，如小组讨论、提问与回答等方式，积极促进学员对知识点的思考，使其理解深层次的教材内容。

（3）讲授要有实践性　烹饪培训是理论与实践密切结合的过程，二者相互统一，密不可分。理论知识属于“应知”的范畴，而实际的烹饪技能属于“应会”的范畴，二者有的部分相互配套和重合，有的实践部分无法用文字和语言表达。从指导的角度看，不仅仅是理论知识在讲授时需要实践性内容加以解释和补充，而实践性知识在操作时，也需要指导教师用理论加以说明和强调。

5.2.2　演示指导法

1．概念

演示指导法即借助某种道具或多媒体，把生活中一些具体事例通过简单明了的演示方法展示给学员，从而把一些抽象的知识、原理简明化、形象化，帮助学员加深对知识、原理的认识和理解。

在烹饪培训中，演示法按教具可分为四类：一是烹饪原料和标本等的演示；二是有关烹饪菜肴图片或工具的演示；三是教师实际操作演示；四是利用烹饪指导视频或动画等内容进行演示。

2．特点

（1）直观性强，方法灵活　通过演示指导法，将整体的指导内容化整为零、变快为慢、

化大为小，使本来看不见、看不清、讲不清、听不懂的内容成为具体的易识记的知识，具有动作的鲜明性、生动性、准确性，帮助学员确切地理解教材、掌握教材。

（2）运用范围广　在烹饪培训中，无论是原料加工、刀工讲解、菜肴烹调等内容，教师都能以演示的形式进行指导活动，而且对时间、地点的要求不高。

3. 主要注意事项

（1）要提出主题、目标明确　在演示法指导活动中，首先要向学员交代本次演示的主题内容（原料加工、刀工、菜肴制作）及学习目标，从而让学员在活动中能够围绕主题和目标去观察演示的内容（实物、图片、视频、动作等）。

（2）要生动直观，忌模糊不清　在设计演示指导活动时应注意两点：一是烹饪过程的变化要显著，如讲解“花色菜肴的配置方法”时，可选用色彩艳丽、对比强度较大的菜肴来演示；二是演示时操作要简单、过程要清晰，如讲解“初步熟处理——焯水”时，可选用一些简单而又能突出主题的原料（如绿叶蔬菜）进行演示，学员就容易掌握有关知识。

（3）要有启发性，忌呆板单调　演示中的启发性，首先在于以趣凝疑，当生动的演示现象出乎学员的意料时，认知的矛盾将上升为思维的动力。如讲解软炒法时以“芙蓉鱼片”为示范菜，蛋清加热制成洁白的“芙蓉”，同时举一反三，讲解“芙蓉鸡片”“芙蓉鲜贝”“芙蓉虾仁”等制作方法；其次，演示引发问题，虽然它是学员开展积极思维的突破口，但要推进思维的展开，仍需要教师不断地引导，如用蛋清制作“芙蓉”时，为什么会出现某种现象？这种操作的关键点是什么？

5.2.3　模拟指导法

1. 概念

模拟指导法是利用实物模拟、图形模拟或情景模拟，按照烹饪指导活动发展的逻辑顺序及其依存关系和相关作用，来复制事件、流程（过程）的一种指导方法。

所谓实物模拟，就是在指导过程中借助与指导内容相关、相近特性的实物来指导，使学员对相关的概念、要求有更直观地了解和认识。如在讲授面点削切、雕刻工艺、花色拼盘效果时，采用真实原料的话，数量过多，会造成不必要的浪费，此时可以使用橡皮泥代替，学员在课堂上通过对橡皮泥的削切、雕刻、拼摆的练习，同样可以达到真实效果，且可以多次练习。

图形模拟即指静态图形或计算机虚拟出的动态图形，展示烹饪的加工、制作过程的逼真的效果。例如在指导加工菜肴时，通过演示法，一般得到的都是正面效果，但是可以通过图片，可以告知学员的反面效果，从而强调重点，形成深刻的印象。在现在计算机和软件发展的今天，利用虚拟动态效果应该是越来越受到重视，例如在制作烤制菜肴时，可以通过虚拟动态图形动态显示随着温度和实际的变化，菜肴色泽的变化情况。

情景模拟法就是根据学员可能担任的职务，将学员安排在模拟的、逼真的工作环境中，要求学员处理可能出现的各种问题，其中角色扮演法是情景模拟活动运用比较广泛的一种方法。

2. 特点

（1）实践性　模拟指导法注重实际的烹饪操作，学以致用，将学员带入仿真的实际情境中。学员通过亲身体验、亲手实践，能自觉地将理论与实际操作结合起来，运用所学知识来分析、解决模拟环境中的实际问题。这样的指导具有实际挑战性，能充分调动学员的学习、参与积极性，促进理论与实践的结合。

（2）互动性　模拟指导法倡导学员积极参与、大胆发言，进行多边信息交流。它以语言或非语言表征为沟通媒介，突出多边主体的互动，有利于调动学员的积极性与参与性，促使师生、生生间相互启发、相互反馈，互相评价，从而增强烹饪指导效果。

（3）非保真性　模拟指导的缺点也比较明显，它主要采用认为的模仿或复制，其结论难免欠准确、欠完整，不一定完全符合所模拟的实际烹饪条件或环境。

3. 主要注意事项

（1）充分发挥教师的引导、示范作用　在模拟指导活动中，教师要亲自参与，适时对学员予以指导，当学员遇到不能解决的问题时，要发挥示范作用。正确的示范操作是必需的，同时，示范必须与讲解相结合，视指导任务的不同而采取不同的方式，对普遍存在的问题应把讲解放在首位，在思想上达到一致，在行动上达到统一。而对于学员比较熟悉的问题，可采用先做后讲的方式来进行。

（2）充分发挥学员的主体作用，突出学员的能力训练　要设定目标和任务，调动学员参与模拟活动的积极性，鼓励学员大胆参与、投入，模拟指导活动就是要以学员能力训练为中心，为学员能力训练服务。

（3）注意整体练习与分解练习的整合，在正确动作基础上提高速度　在模拟指导中，还要注意整体练习与分解练习的整合。整体练习有助于掌握操作、程序间的协调联系，分解练习有助于确切掌握各种动作的要领。模拟指导要突出重点，对存在问题多的活动要加强分解练习。模拟指导活动首先要保证质量，让学员操作的每一道程序都符合动作的要求，然后在此基础上强调速度。

5.2.4 比较指导法

1. 概念

比较指导法是指在指导活动中将两个或两个以上的认识对象放在一定的条件下，按照同一标准进行对照比较，从而确定认识对象属性的同异、地位的主次、作用的大小、性能的优劣、问题的难易或认识的正误深浅，以达到辨识、了解和把握认识对象目的一种方法。

2. 特点

（1）比较对象的广泛性 比较对象可以是个体事物，也可以是群体事物；可以是客观事物，也可以是主观认识；可以是同一层次的事物，也可以是不同层次的事物；可以是事物属性的不同方面，也可以是事物发展的不同阶段等。

（2）比较思维的贯穿性 比较指导法中常用的比较思维在人的思维过程的各个阶段都能起作用。旨在确定比较对象属性同异的比较思维贯穿于感性认识阶段和抽象思维阶段；旨在确定比较对象地位主次、作用大小、性能优劣、问题难易及认识正误深浅的比较思维贯穿于辩证思维阶段。

（3）比较方法的对照性 比较指导法必须将两个或两个以上的事物，或者一个事物的两个或两个以上的方面作对照比较。只有一个事物，或者只有一个事物的一个方面，是无法比较的。同时，这种比较必须要有一个“参照物”，这就是比较的条件和标准，即把比较对象放在相同条件下，使用同一标准，才好比较。

3. 主要注意事项

（1）明确比较的主体 对比的本质特征在于“比较”“对照”“对比”“参照”。即依据一定的标准——内容的或形式的（如烹饪技法中的烧、烩、焖、炖等），将彼此之间具有某种联系的指导内容放在一起，加以对比分析，以确定其异同关系，认识其本质差异。比较指导法的这一特征，限定了运用比较指导法的前提条件，即指导内容具有相关性、相似性，又有差异点、相异点。相似是比较的基础，相异是比较的结果。确定合适的比较主体，不仅有利于教师指导工作的开展，同时有利于学员理解。

（2）明确比较的对象 要善于在不同事物中找到相似点，善于在相同事物中找到差异点，即进行求同比较和求异比较。事物的差异和同一，既表现在现象上，更体现在本质上。要善于在比较现象的基础上，进行本质的比较。

技能训练 3 调味工艺——讲授指导法

（1）指导目标

1）基本理论。学员能了解味的基本概念和味觉现象。

2）知识应用。学员能初步掌握调味工艺和味觉现象的应用。

（2）指导内容

1）味觉的基础知识。

①味觉的概念。味觉是可溶性呈味物质溶解在口腔中对味感受体进行刺激后产生的反应。

②味觉地图。舌尖部位最敏感，反应快，消失快，其次为舌前部。舌后部味觉来得比较

慢，持续时间长。舌面味蕾乳头分布不均匀。不是只有所标区域能感受味道，是相对其他区域更敏感，阈值更低。特定区域没感觉，其他区域也就感受不到。但其他区域感受不到的，特定区域未必感受不到。

③温度对味觉的影响。甜味：阈值随温度升高而降低，36℃为最低点，超过36℃又升高，最佳感觉温度为35~50℃。酸味：0~40℃时感觉强度几乎不变，最佳感觉温度为35~50℃。咸味：阈值随温度升高而增大，最适感觉温度为18~35℃，21℃时最敏感。苦味：阈值随温度升高而稍有增大，最适感觉温度为10℃。酒精味：低温时发甜，高温时有刺激痛感。

2）四种常见的味觉现象。

①对比现象。当两个不同味觉刺激同时或连续作用于同一感受器时，一般把一个刺激的存在能强化（减弱）另一个刺激的现象叫作对比增强（减弱）现象，所产生的反应叫对比效应。

在鲜味的汤汁中添加盐后，鲜味更加突出，特别是味精的鲜味，如果不加盐，不但毫无鲜味，甚至还有腥味。在豆沙、枣泥等甜馅心，以及甜汤、水果羹中加入少量的盐，都可以增加菜点的甜味感。

②相乘现象。指感受器在两种或多种相同刺激的作用下，导致感觉水平超过预期的每种刺激各自效应的叠加，这种协同效应又称相乘效果。

在烹调组配时，常将几种原料混合使用，目的就是利用味感的相乘效果，如蘑菇炖鸡、羊方藏鱼、冬笋烧肉、花菇焖鸭、黄豆猪脚等。一般是将富含肌苷酸的动物性原料（鸡、鸭、鱼、猪骨等）与富含鸟苷酸、鲜味氨基酸和酰胺的植物性原料（竹笋、食用菌、蔬菜等）混合在一起进行炖、煨，这样可以使两种原料的鲜味效果更加突出。

③相消现象。指一种刺激的存在使另一种不同刺激强度减弱的现象，称为拮抗效应，又称相抵效应。

咸、甜、苦、酸四种呈味物质，任意选择两种按一定比例混合，会发现其中任何一种味感比单独存在时的味感要弱。在烹调时，如果过酸或过咸，可添加适量糖或味精来缓和。

④转化现象。两种或两种以上味的混合，会产生第三种味。

豆腥味+焦苦味会产生肉鲜味。姜蒜+辣椒+糖+醋+热油会产生鱼香味，炒鸡蛋+醋会产生蟹味。热油中的花椒和辣椒+葱、蒜、糖、醋会产生怪味。白糖、料酒、酱油、甜面酱会产生叉烧味。

（3）实施过程和步骤

1）课前准备。

①工具准备。多媒体教室、实验台、量杯和水杯数个、天平。

②原料准备。柠檬酸、蔗糖、盐、奎宁、谷氨酸钠、纯净水。

③分组。教师将学员平均分组，每组设组长1人，负责组织讨论工作。小组应注意人数适中，性别比例、各学员的性格及学习积极性等方面要均衡。

2）课程教育实施（见图5-2）。

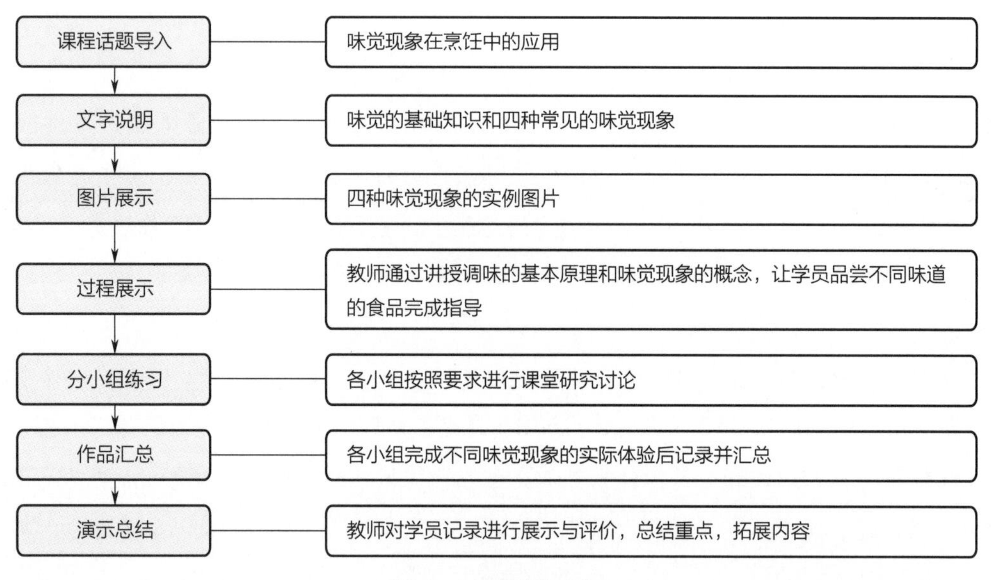

图5-2 课程教育实施

①理论讲授。教师讲述味觉定义、味觉现象理论。

②问题的提出。常见的味觉现象有哪些？如何利用味觉的对比现象进行烹调？烹调组配时，常将几种原料混合使用，目的是利用味觉的什么效果？菜肴如果烹调得过酸或过咸湿，常用什么调味品进行调节？菜肴的温度对味觉的影响如何？

③演示操作。教师按照设计的讲授过程进行操作，每一个过程都要进行分析讲解。

④小组总结。各小组学员将自己小组的讨论结果汇总并探讨研究，第一组讨论对比现象；第二组讨论相乘现象；第三组讨论抵消现象；第四组讨论转化现象。

⑤自由讨论。在各小组发言后，教师可以进一步引导大家深入讨论心理因素和食品的理化状态对味觉的影响。

⑥指导教师总评。对味觉四种现象进行总评，对心理因素和食品的理化状态对味觉影响的指导内容进行拓展介绍。

（4）指导内容拓展

1）心理因素对味觉的影响。

①错觉引起的影响。先品尝25%蔗糖溶液，感觉很甜，接着品尝5%稍甜的蔗糖溶液，就会感觉5%蔗糖液像水一样没甜味。

②心情的影响。人有压力时吃任何食品都会感觉味同嚼蜡和茶不思、饭不想。

③经验与嗜好。味觉经历（食物中毒）对于味觉的影响。

2）食品理化状态对味觉的影响。

①黏稠度和细腻度对味觉的影响。黏稠度高的食品在口腔内的黏着时间长，使滋味的感觉时间延长。细腻的食品可美化口感，使得更多的呈味粒子与味蕾接触，味感更丰富。

②油脂对味觉的影响。大多数风味物质可溶于脂肪，溶于水的味首先释放，并很快消散，后释放出来的是溶于脂肪的味，较为持久。

因此若想食物具有浓烈和持续的味觉，得配含高脂肪的食材，同时脂肪本身也提供口感和浓度。

③醇厚感对味觉的影响。醇厚感是食品中的鲜味成分，以及肽类化合物和芳香类物质使味感均衡协调留下良好的厚味。因此可通过增加水解动物蛋白（HAP）或水解植物蛋白（HVP），增强食物的醇厚感。

④香味和色彩对味觉的影响。对食品增香着色后，由于条件反射，食用时能令人产生愉快的感受。但增香和着色之香味颜色应与食品之味相协调。如咸鲜味一般用于白色的菜品，鲜甜味一般用于红色的菜品。

（5）指导效果评价

指导教师在完成指导后要反思总结，依据学员在讨论、回答问题过程中的表现和发言效果，总结学员对本次指导内容的掌握情况，以及是否达到了本次培训的目标，反思此次指导培训中存在的问题，如果时间允许，可组织学员进行反馈。效果评价见表5-6。

表5-6 课堂培训效果评价表

学员组别	指导流程评价	讲授内容评价	课堂组织评价	学员兴趣评价
第一组				
第二组				
第三组				
第四组				

技能训练4 海参的涨发加工——演示指导法

（1）指导目标

1）理论知识。学员能了解海参干制的目的和特性。

2）知识应用。学员能初步掌握海参的涨发方法和原理。

（2）指导内容　干货原料组织结构紧密，表面硬化，老韧，还具有苦涩、腥臭等异味，不符合直接食用的要求，不能直接用来制作菜肴，必须对其进行涨发加工。原料的涨发加工目的就是利用干货原料的物性，进行复水和膨化加工，使其重新吸水来恢复原状，同时除去异味和杂质，达到合乎食用的要求。但干货涨发难度较大，需要通过演示指导和反复练习才能掌握技巧。

1）原料准备。干货海参、处于涨发不同阶段的海参、纯净水。

2）工艺操作。

①清洗。干海参用自来水直接冲洗，洗掉表面少许微尘。

②浸泡。凉纯净水泡24小时左右后换热水浸泡，中间换水数次直至将海参泡软。

③去杂。将泡软的海参从腹部纵向剖开，去掉海参前端牙状物也就是沙嘴。

④煮沸。无油锅中加纯净水，加盖煮沸，用中火煮15~25分钟。

⑤再浸泡。换新的凉纯净水，泡24小时左右，中间换水2次。

⑥循环。如有个别海参没有发好，属于正常现象，可重复步骤4、步骤5。

（3）实施过程和步骤

1）课前准备。

①工具准备。教室、烹饪操作台、切割工具、锅、盆等。

②分组。教师将学员平均分组，每组设组长1人，负责组织讨论工作，做好讨论过程的记录。分组应注意人数适中，性别比例、各学员的性格及学习积极性等方面要均衡。

③任务分工。学员主要负责海参涨发的记录，特别是硬度的变化记录。

2）课程教育实施（见图5-3）。

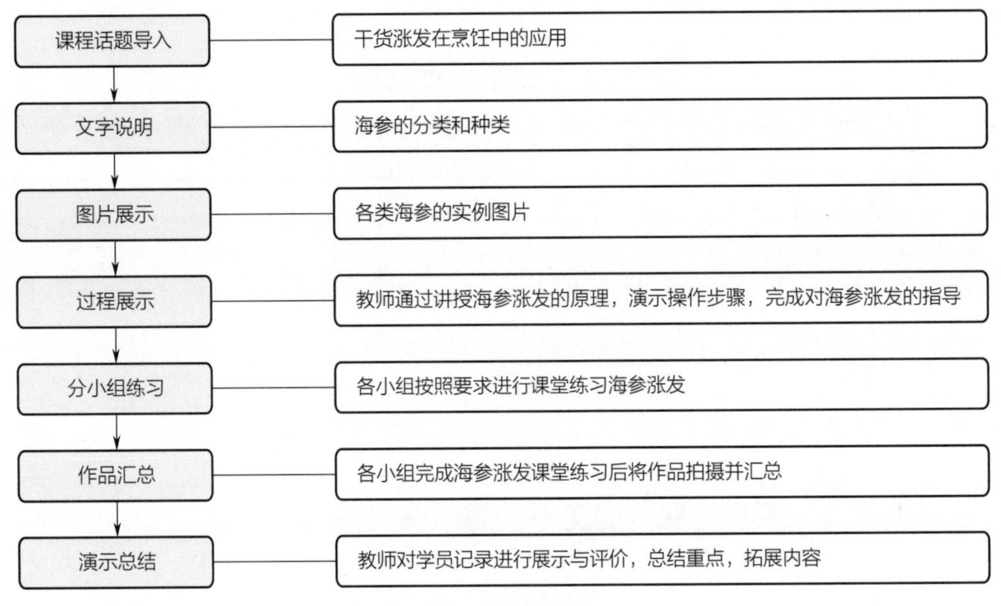

图5-3 课程教育实施

①理论知识介绍。教师进行海参涨发的介绍。

②问题的提出。海参涨发在时间控制方面有哪些要求？海参涨发对水温有什么要求？涨发到什么程度才算是涨发完全？

③演示操作。教师按照设计的讲授过程进行操作，每一个步骤都要分析讲解。

④小组总结。学员观看教师演示的菜品，对海参涨发后的质量进行分析，对不同涨发阶段的海参质量进行分析，哪个阶段海参最饱满、滑嫩及两端完整、内壁光滑等。回答教师提出的关于海参涨发的问题。

⑤自由讨论。在各小组发言后，教师引导大家进一步深入讨论，每个有新想法的学员都可以发表意见和见解，尤其是别的同学没有提出过的方法。

⑥指导教师总结。首先总结海参的基本知识和涨发的过程，补充行业新认知，如刺参腹部中的内壁（五根茎）可食用，且营养丰富，可剪开参体取出内茎做汤用；海参品种和大小不一，泡发时间则不同，必须随时检查，将发好的挑出，未发好的继续发。然后分析学员回答的问题，同时对于学员们的典型意见要有针对性地评价，肯定有建设性的见解，修正可行性差的见解，但要对学员们的探索精神和创新思路予以肯定。重点讲授海参涨发的关键点，如涨发的温度控制、泡发时间，如何鉴别海参是否涨发完全等。

（4）指导内容拓展

1）涨发原理。通过海参涨发让学员了解涨发原理。

①水渗透的涨发原理。

a.毛细管的吸附作用：干料内部有很多孔道，呈毛细管状，具有吸附水和持水的能力。

b.渗透作用：干料内部水分少，细胞中可溶性固形物浓度大，渗透压高，外界水的渗透压低，故水分可通过细胞膜向细胞内扩散。

c.亲水性物质的吸附作用：原料中含大量亲水性基团，能与水以氢键形式结合。

②热膨胀涨发原理。干制原料的束缚水在一定的高温条件下，会脱离组织结构变成游离水，急剧汽化膨胀，使干料组织形成蜂窝状孔洞结构，为进一步复水创造条件。

2）操作要领。

①器具要求。泡发海参所用的器具，不能沾油、碱和其他杂物，否则会造成海参腐烂。

②水质要求。要用纯净水发海参，不但发得个体大而且不含自来水中的杂质。

③盐分要求。盐分一定要泡除干净，否则海参发不透。

3）拓展相关原理。掌握其他常见干货原料的涨发，如燕窝、鱼肚、鱿鱼、鱼皮、鱼唇、明骨、海蜇、干贝、乌鱼蛋、哈士蟆、冬菇、口蘑、猴头蘑的泡发要求。

（5）指导效果评价 指导教师在完成指导后要进行反思总结，依据学员在讨论、回答问题过程中的表现和发言，总结学员对本次指导内容的掌握情况，以及是否达到了培训的目标，反思此次指导培训中存在的问题，如果时间允许，可组织学员进行反馈。效果评价表见表5-7。

表5-7 课堂培训效果评价表

学员组别	指导流程评价	演示内容评价	课堂组织评价	学员兴趣评价
第一组				
第二组				
第三组				
第四组				

技能训练5 直刀法——模拟指导法

（1）指导目标

1）直刀法。了解不同直刀法及其运用。

2）其他刀法。初步了解其他刀法。

（2）指导内容　刀法指对原料切割的具体运刀方法。依据刀刃与原料的接触角度，分为平刀法、斜刀法、直刀法和其他刀法四大类型。直刀法，是刀法中较复杂的，也是最主要的一类刀法，指刀刃与原料保持直角的刀法，直上直下，切出来的原料精细，平整统一，故行业中又叫“切”“剁”或“排”。这里以直刀法为例，结合动画模拟指导，对不同类型的直刀法进行指导，见表5-8、表5-9、表5-10。

表5-8　不同切法的操作方法与运用

切法类型	直切	推切	拉切	锯切	侧切	滚料切
操作方法	用力垂直向下，不移动切料位置	运用推力，刀刃垂直向下，向前运行	运用拉力，刀刃垂直向下，向后运行	推切、拉切的结合	运刀如铡刀切草	切料时，一边进刀一边将原料相应滚动切制
适合原料	脆嫩的植物性原料	薄嫩易碎的原料	韧性原料	酥烂易碎的原料	薄壳原料、小型颗粒原料	球形或柱形原料

表5-9　不同剁法的操作方法与运用

剁法类型	砧剁	排剁	跟刀剁	拍刀剁	砍剁
操作方法	将刀扬起，运用小臂的力量，迅速垂直向下，截断原料	反复有规则、有节律地连续剁	原料嵌进刀刃，随刀扬起剁下断离	刀刃嵌进原料，左手掌猛击刀背，截断原料	借用大臂力量，将刀高扬、猛击原料
适合原料	带骨和厚皮的原料	用于制肉蓉、菜泥的原料	带骨的圆而滑的原料	带骨的圆而滑的原料	大型动物头颅的开片

表5-10　不同排法的操作方法与运用

排法类型	刀跟排	刀背排
操作方法	运用根部刃口在原料肉面排剁	用刀背对原料肉面排敲
适合原料	腱膜较多的块肉及扒、炖、焖的禽类原料	猪排、牛排

（3）实施过程和步骤

1）课前准备。

①工具准备。多媒体教室（可播放动画视频）、烹饪操作台、切割工具、锅、盆等。

②原料准备。萝卜、豆腐干、猪肉、羊膏、熟鸡蛋、虾米、茄子等。

③分组。将班级同学平均分组，每组设组长1人，负责组织讨论工作，做好讨论过程的记录。分组应注意人数适中、性别均衡，以及各学员的性格及学习积极性等方面。

2）课程教育实施（见图5-4）。

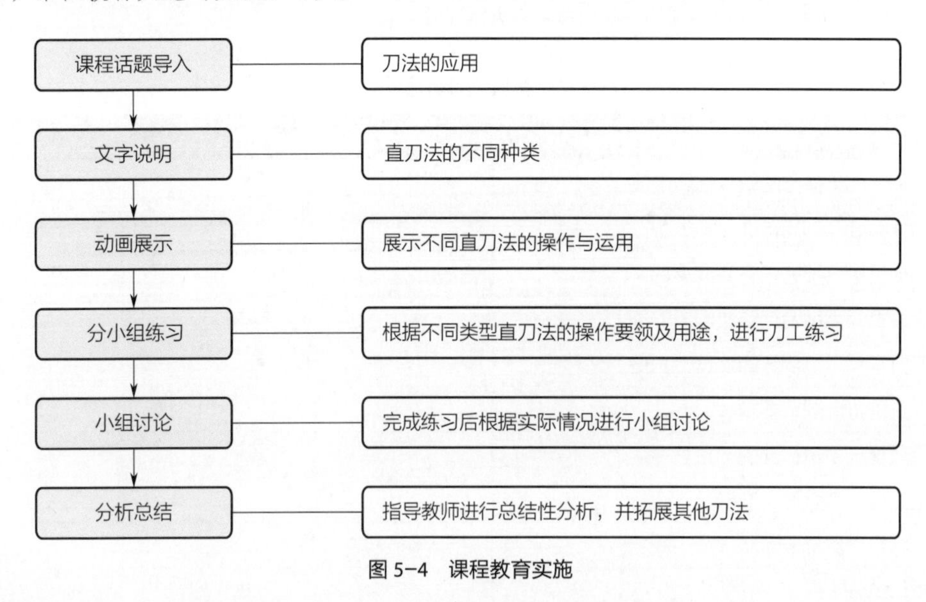

图5-4　课程教育实施

①导入话题。课程话题导入，教师简要介绍直刀法的运用。

②视频观看。观看直刀法的动画和应用视频。

③提出问题。不同类型的直刀法实际操作有哪些要领？不同类型的直刀法分别使用刀片的哪些位置？不同类型的直刀法各自适用哪些原料？

④小组练习。各小组分别选择不同的原料，采用不同的切法进行练习并对比。

⑤自由讨论。根据教师提出的问题和练习后的感受展开讨论，每个人都可以发表自己的意见和见解，尤其是其他学员没有提到的见解。

⑥指导教师总结。教师围绕不同类型的直刀法进行总结性分析，同时对于学员们的典型意见进行有针对性的评价，肯定有建设性的见解，对学员的探索精神给予充分肯定，同时引出其他刀法的简要介绍。

（4）指导内容拓展　对平刀法、斜刀法和其他刀法进行简要介绍。

（5）指导效果评价　指导教师在完成指导后要进行反思总结，依据学员在讨论、回答问题过程中的表现和发言效果，总结学员对本次指导内容的掌握情况，以及是否达到本次培训的目标，反思此次指导培训中存在的问题。如果时间允许，可组织学员进行反馈，效果评价表和小组工作评价表见表5-11和表5-12。

表5-11 课堂培训效果评价表

学员姓名	项目参与意识			组内合作意识			分工中的难易程度			工作完成情况		
	强	中	弱	强	中	弱	大	中	小	好	中	差

注：个人工作完成后，小组成员一起对每个人进行评价

表5-12 教师对小组工作评价表

评价内容	优秀	良好	一般
组里每个成员参与的积极性和态度			
组内任务分配的均衡性			
组内成员对分配的任务完成情况			
组内成员间互助合作解决问题的能力			
生产方案和工艺制订的合理性			
制作过程符合规范要求			
产品质量与质量标准的一致性			
小组汇报内容全面、准确			
产品符合质量标准			
总体印象分			

技能训练 6 炒的烹饪法——比较指导法

（1）指导目标

1）理论知识。通过对比实验了解炒的工艺特性，了解炒菜的菜品特色。

2）知识应用。通过对比实验掌握炒菜的应用原料和操作方法，和炒菜代表菜品的制作关键和要领。

（2）指导内容 炒是我国最具特色的一种烹饪方法，复杂多样，不同地区、不同菜系有不同的工艺流程和分类方法，掌握炒的方法对传统烹饪技艺的学习至关重要。

1）低温炒法代表菜：清炒虾仁。

①原料。鲜活河虾、鸡蛋清、葱、黄酒、盐、干淀粉、水淀粉、调和油、清汤。

②工艺。将鲜活河虾剥成虾仁，清洗漂净，控干水分，放入碗中，加盐、黄酒、鸡蛋清搅拌，再加干淀粉拌匀；葱洗净切成雀舌状。炒锅置旺火上烧热，舀入调和油，至120℃时放入上浆后的虾仁，用手勺轻轻拨散，呈白玉色时，倒入漏勺沥去油，炒锅留底油复上火，入雀舌葱小火煸香，加清汤，烧沸后用水淀粉勾芡，将滑油后的虾仁回锅，颠翻几下使芡汁包

裹住虾仁，起锅盛入盘中即成。

③成品特点。虾仁洁白如玉，滑嫩鲜香。

④综合运用。滑炒里脊丝、银芽鸡丝、滑炒鱼丝等。

2）中温炒法代表菜：官保鸡丁。

①原料。嫩鸡脯肉、去皮熟花生米、干红辣椒、花椒、酱油、醋、白糖、葱末、姜末、蒜泥、盐、味精、料酒、水淀粉、调和油。

②工艺。鸡肉洗净，用力拍松，再在肉上用刀轻斩一遍，不要将肉斩烂，然后切成1.2~1.5厘米见方的丁，放入碗内，加盐、酱油、料酒、水淀粉拌匀。干辣椒去子，切成1厘米长的段。取一只小碗，放入白糖、醋、酱油、味精、清水、湿淀粉调成芡汁待用。炒锅放旺火上烧热，下调和油烧至微有青烟，放入干红辣椒、花椒，将锅端离火煸炒至出辣味，再上火炒至棕红色微有焦煳味时，放入鸡丁炒散，烹入料酒炒一下，再加葱、姜、蒜炒出香味，倒入芡汁，加入花生米，翻拌均匀即可。

③成品特点。辣中有甜，甜中有辣，鸡肉的鲜嫩配合花生的香脆，入口鲜辣酥香，红而不辣，辣而不燥，肉质滑脆。

④综合运用。官保肉丁、官保腰花、官保牛肉等。

3）高温炒法代表菜：油爆双脆。

①原料。猪肚头、鸡肫、葱末、姜末、蒜末、盐、味精、清汤、绍酒、水淀粉、精炼油、食碱。

②工艺。将猪肚头去外皮和里筋，两面剞上直刀（兰花刀），切成1厘米宽、2.5厘米长的块，将食碱用温水按照2%的浓度溶化，将剞刀后的猪肚头进碱水浸泡30分钟取出漂水。鸡肫去青筋和里皮，剞十字花刀，切成和猪肚头同样大小的块。用一个碗加入清汤、水淀粉、盐、味精、绍酒调成碗欠（兑汁芡）待用。将猪肚头、鸡肫入150℃的油锅内过油断生，倒入漏勺控油。锅中留底油，用葱、姜、蒜炝锅，倒入猪肚头、鸡肫，勾芡翻炒均匀，出锅装盘即成。

③成品特点。口感脆嫩滑润，清鲜爽口。

④综合运用。油爆鸭心、油爆鹅肠、油爆腰花等。

（3）实验过程和步骤

1）课前准备。

①工具准备。多媒体教室、烹饪操作台、检测纸张、切割工具、记录本等。

②分组。教师将同学平均分成3组，每组设组长1人，负责组织讨论工作，做好讨论过程的记录。应注意人数适中、性别均衡，以及各学生的性格及学习积极性等方面。

③任务分工。每组学生进行分工，分别负责刀工切配、原料处理、入油加热、成品整理，并对整个过程记录和评价。每组分别负责清炒虾仁、官保鸡丁、油爆双脆各两份。见表5-13、表5-14。

表5-13 同组菜品特色对比数据

菜品名称/对比项目	色泽	味道	口感	芡汁
清炒虾仁1				
清炒虾仁2				
宫保鸡丁1				
宫保鸡丁2				
油爆双脆1				
油爆双脆2				

表5-14 不同组菜品技术要求对比数据

对比项目	温度范围	刀工要求	风味特色	原料范围
低温炒法：清炒虾仁				
中温炒法：宫保鸡丁				
高温炒法：油爆双脆				

2）课程教育实施（见图5-5）。

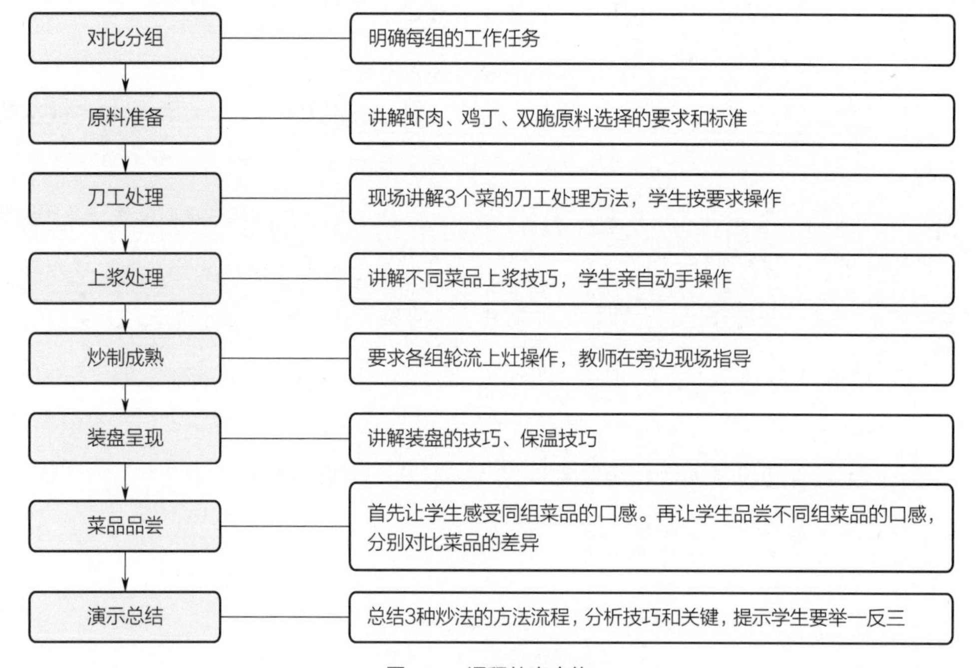

图5-5 课程教育实施

①讲解导入。教师将炒法相关知识进行介绍。

②问题提出。

a.滑炒虾仁的问题提出：什么类型的食材适合低温油加热成熟？此类菜品一般料油比是多少？温度高了虾仁会出现什么情况？

b.宫保鸡丁的问题提出：鸡丁为什么要提前入味和前期处理？宫保鸡丁炒制的温度范围是多少?如何做到在炒制过程中不粘锅、不煳锅?

c.油爆双脆的问题提出：油爆的菜品一般选择哪些原料？油爆菜品的刀工处理有哪些要求？油爆菜品的温度范围是多少?

③实验操作。将学生分成3组。在炒制过程中记录温度，整理对比数据。最后品尝分析，填写相关对比数据。

④小组讨论。首先各小组根据自行炒制的菜肴，围绕教师提出的问题进行讨论。然后自由讨论不同原料、不同温度、不同炒法之间的差异，总结品尝后的感受。

⑤小组发言。首先各小组分别回答教师提出的问题。然后教师点名让学生回答3个菜的对比效果，并自由补充对以上问题的见解。

⑥自由讨论。各小组发言后，大家的思路打开了，可以在此基础上进一步深入讨论，有新想法的学生可以发表自己的意见和见解。

⑦总评。教师首先总结炒的基本过程，然后分析学生的问题，重点围绕不同温度炒法的技术对比和菜品特色对比。首先横向比较，不同温度炒法在原料选择方面普遍应该是嫩、软一类的原料，特别是爆炒的菜品，脆嫩度要求更高。温度方面，油爆菜品150℃左右；煸炒菜品140℃；滑炒菜品100~120℃。刀工处理方面，爆炒菜品要求很薄、很细；煸炒菜品要求切成小块、丁、条等，不能太薄、太细；滑炒菜品要求切成细丝、颗粒、薄片等。其次要强调案例中的关键点，如对于案例中的刀工处理、原料选择、温度控制都要符合相应要求，否则不但菜品不符合要求，而且会造成烫伤等事故。

（4）指导内容拓展

1）油温对脱水和质地的影响。外脆里嫩型的菜肴，运用火候时应注意先用中油温（约140℃）短时间处理，再用高油温（约180℃）短时间处理；里外酥脆型的菜肴，运用火候时应注意要中油温（约140℃）稍长时间处理，加热中也可以将原料捞出（以利于水分的蒸发），待油温回升后再进行加热，直到内部水分排去。注意过高的温度只能加速其表面的炭化，而不能使里外质感一致；软嫩型的菜肴，运用火候时应注意用低油温（60~100℃）短时间加热原料。

2）油与水导热的比较。由于油的导热系数小于水，所以热油封面、明油亮汁对菜肴保温有一定的作用。虽然油的比热容比水的比热容小，但是油的沸点比水高，所以食物在油中加热时，油比食物中的水分更耐热，与水形成较大的温差，使水分迅速汽化。所以，一般情况下用油为介质可以使食物迅速成熟，形成外脆里嫩、里外酥脆、软嫩等几种典型的口感。

3）油导热应注意的问题。油导热的温域较大，易造成食物营养的破坏，因此大多数油导热的菜肴需要上浆、挂糊、拍粉处理。对于不同质感的原料，如何调节油温至关重要，一般可以通过火力与投料的数量来控制油温。当火力大时，下料的油温可以适当低一些，如果原

料数量少，下料油温也可以低一些；反之亦然。

一般来说油炸菜品都会有一定程度的水分损失，调味时调味品的用量要比正常调味少一些，行业中称为“半口”。具体用量还要根据原料是否上浆挂糊、油炸时间、油炸温度的高低灵活掌握。如发现菜肴味道不足，可以采用跟碟的形式进行补充调味。

（5）指导效果评价 指导教师在完成指导后要进行反思总结，依据学生在讨论、回答问题过程中的表现和发言效果，总结学生对本次指导内容的掌握情况，以及是否达到本次培训的目标，反思此次指导培训中存在的问题。如果时间允许，可组织学生进行反馈，效果评价见表5−15。

表5−15 指导效果评价表

组别	菜品质量评价	对比数据评价	团队协作评价	操作规范评价	得分
第一组					
第二组					
第三组					

复习思考题

1. 哪些人员可以作为企业的重点培训员工？
2. 教案编写的注意事项是什么？
3. 什么是讲授指导法？注意事项是什么？
4. 简述演示指导法的概念和注意事项。
5. 模拟指导法的注意事项是什么？
6. 比较指导法的注意事项是什么？

项目 6

宴会主理

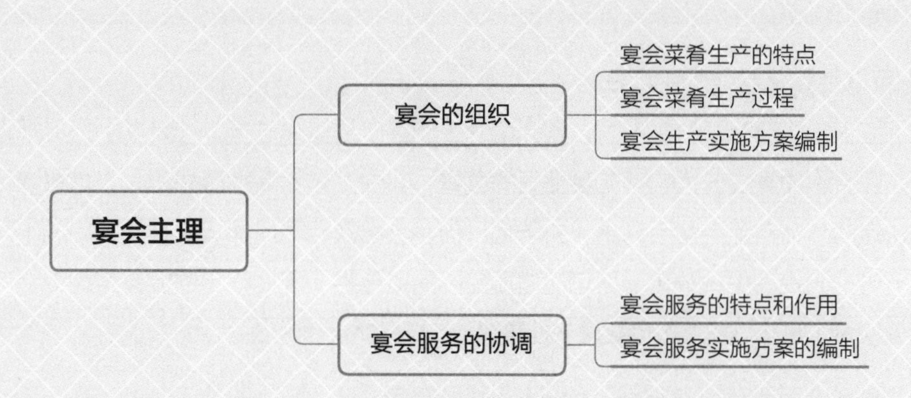

宴会主理
宴会的组织
宴会菜肴生产的特点
宴会菜肴生产过程
宴会生产实施方案编制
宴会服务的协调
宴会服务的特点和作用
宴会服务实施方案的编制

6.1 宴会的组织

6.1.1 宴会菜肴生产的特点

宴会菜肴生产具有不同于零点菜品生产的特点。

1. 预约式的生产方式

宴会是根据顾客的预订进行的，因此，宴会菜肴生产方式具有预约的特点。生产过程是按照预先的设计规定和完成任务的时间来组织的。其关键在于按“期”或按“时”去组织生产，按“质”输出菜品产品。

2. 连续化的生产过程

宴席菜肴生产必须是在规定的时限里，连续不断、有序地将所有菜肴生产出来，输送出去。这种连续性一是由菜肴属性所决定的，即菜肴必须是现做现食的；二是由宴会饮食方式和菜肴构成方式的特殊性所决定的。

3. 无重复性的生产内容

一个宴会无论规模大小，就其菜肴设计情况而言，菜肴不可重复，对厨师的技术水平和操作水平要求较高。

4. 可以批量化制作的生产任务

与零点菜肴生产的松散性不同，宴会菜肴生产可以批量化进行。一是宴会任务规定的，如几桌、几十桌的宴会，大家都吃着相同的菜肴，其生产必然是批量式的；二是餐饮企业经营定位决定的，在实际经营活动中，由于预订的宴会档次相同或相近，在同时完成不同宴会生产任务时，为提高生产效率，尽可能增加品种的重叠性，因此设计的宴会菜肴组合可以相同或部分相同。因此，其生产也变成了批量化。

6.1.2 宴会菜肴生产过程

在接受宴会生产任务后，生产过程从制订生产计划开始，直至把所有宴会菜肴生产出来并输送出去为止。

宴会菜肴生产过程，一般根据各个阶段的地位和作用来划分，可分为制订生产计划阶段、烹饪原料准备阶段、辅助加工阶段、基本加工阶段、烹调与装盘加工阶段和菜肴成品输出阶段。

1. 制订生产计划阶段

这一阶段是根据宴会任务的要求和设计好的宴会菜单，制订组织菜肴生产的计划。

2. 烹饪原料准备阶段

烹饪原料准备是指菜肴在生产加工之前进行的各种烹饪原料的准备过程。根据制订好的烹饪原料采购单来准备。准备的方式有两种：一种是超前准备，如干货原料、调味原料、可冷冻冷藏的原料等，提前采购并妥善保存；另一种是在规定的时间内即时采购，如新鲜的蔬菜和动物原料，或活禽、活水产原料（饭店无活养条件或活养的数量、品种不足时）等，在规定时间内采购回来。

3. 辅助加工阶段

辅助加工阶段是指为基本加工和烹调加工提供净料的各种预加工或初加工过程，如各种鲜活原料的初步加工、干货原料的涨发等。

4. 基本加工阶段

基本加工阶段是指将烹饪原料变为半成品的过程。热菜是指原料的成型加工和配菜加工，为烹调加工提供半成品。冷菜则是指制熟调味，如卤制水晶肴肉；或对原料的切配调味，如对黄瓜的成型加工、腌渍、调拌入味。

5. 烹调与装盘加工阶段

烹调加工是指将半成品经烹调或制熟加工后，成为可食菜肴的过程。如各种已加工成型的原料经组配后，需要加热烹制和调味；成熟后的菜肴，再经装盘工艺，便成为一个完整的菜肴成品。冷菜则是在热菜烹调制熟之前先行完成装盘。

6. 菜肴成品输出阶段

菜肴成品输出阶段是指将生产出来的菜肴及时有序地提供上席，以保证宴会正常运转的过程。从开宴前第一道冷菜上席，到最后一道水果上席，菜肴成品贯穿宴会全程。

构成宴席菜肴生产过程的6个阶段，因为生产加工的重点不同而有区别，甚至是相对独立的，但是作为整体过程的一部分，由于前后工序的连接性，它们又是紧密联系、协同作用的。

6.1.3 宴会生产实施方案编制

编制宴会菜肴生产实施方案，是在接到宴会任务通知书、宴会菜单之后，为完成目标任务而制订的方案，主要由以下几部分构成。

1. 宴会菜肴用料单

宴会菜肴用料要按照设计需要量加上一定的损耗量来填写。有了用料单可以监控贮存、发货、实际用料，进行宴会食品成本跟踪控制。

2. 原材料订购计划单

原材料订购计划单是在宴会菜肴用料单的基础上填写的，见表6-1。

表6-1 原材料订购计划单

订购部门： 订购日期： 编号：

原料名称	单位	数量	质量要求	供货时间	费用估算		备注
					单位价格/元	总价/元	

填写原材料订购计划单要注意以下事项。

1）如果所需原料品种在市场上有符合要求的净料出售，则写明是净料；如果市场上只有毛料，则需要先进行净料与毛料的换算再填写。

2）原料数量一般是需要量乘以一定的损耗系数，然后减去库存后得到的数量。如果库存数量较多，能充分满足生产需要，则该原料不用填写。

3）原料质量要求一定要准确说明，如有特别要求的原料，则将希望达到的质量要求在备注栏中写清楚。

4）如果市场上供应的原料名称与烹饪行业习惯称呼不一致，或规格不一致，可以在双方协调后，以编码的形式代替原料名称。这种做法还有一个好处，就是厨房生产人员的变动，不影响原料名称确认。

5）原料的供货时间要写明，不填或误填都会影响菜肴生产。

3. 宴会生产分工与完成时间计划

除了临时性的紧急宴会任务外，一般情况下，应根据宴会生产任务的需要，尤其是大型宴会或高规格宴会，要对宴会生产任务进行分解，对人员进行分工和配置，明确职责并提出完成任务的时间要求。拟定这样的计划，还要根据菜点在生产工序上切换的特点，并结合宴会生产的实际情况来考虑。如从原料准备到初加工，再到冷菜、切配、烹调和点心等几个生产部门，有些生产工序是顺序切换的方式，因此，完成原料准备必须先进行初加工，初加工完成后才能进行冷菜、切配、烹调和点心加工的后续加工。所以，对前道工序的完成时间应有明确的要求，否则会影响后续工序的顺利进行和加工质量。又如冷菜、热菜、点心的基本生产过程，是平行切换的方式，但由于成品输出的先后顺序不同，因而在开宴前对它们完成状态的要求也不同，即冷菜是已经完成装盘造型的成品；热菜和点心是待烹调与制熟的半成品，或已经预先烹调制熟（如加工方法复杂或加热时间长的菜点）但尚需整理、装盘造型的成品。所以，对平行切换的加工过程而言，必须对产品完成状态与完成时间提出明确的要求，对成品输出顺序与输出时间（节奏）提出明确的要求。

4. 生产设备与餐具的使用计划

在宴会菜肴生产过程中，需要使用和面机、轧面机、绞肉机、食物切割机、烤箱、切片机、炉灶、炊具，以及燃料、调料盆、冰箱、制冰机、保温柜、冷藏柜、蒸汽柜、微波炉等多种设备，还有各种不同规格的餐具等。所以，要根据不同宴会任务的生产特点和菜肴特点，制订生产设备与餐具使用计划，并检查计划落实情况，设备与餐具的完好情况和使用情况，以保证生产的正常运行。

5. 影响宴会生产的因素与处理预案

影响宴会生产的客观因素主要有：原料因素、设备条件、生产任务的轻重难易、生产人员的技术构成和水平等。影响宴会生产的主观因素主要有：生产人员的责任意识，工作态度，对生产的重视程度和主观能动性的发挥水平。为了保证生产计划的贯彻执行，应针对可能影响宴会生产的主客观因素提出相应的处理预案。

另外，在执行过程中，要加强现场生产检查、督导和指挥，及时调控，方能有效地防止和消除生产过程中出现的问题。调控的方法主要有程序调控法、责任调控法、经验调控法、随机调控法、重点调控法和补偿调控法等。

技能训练1　宴会菜单的设计

（1）菜单与菜谱　菜单与菜谱原是指厨师用于备忘而记录的菜肴清单。

菜单是餐饮企业作为经营者和提供服务的一方，向用餐者展示其生产经营的各类餐饮产品的书面形式的总称。

菜谱是指描述某一菜品制作方法及过程的集合。

（2）菜单的作用　菜单是传播产品信息的载体，是餐饮经营的计划书。菜单影响餐饮设备的选择购置；决定了厨师、服务员的配备；决定食品原料的采购和储存；影响着餐饮成本；影响厨房布局和餐厅装饰。菜单是餐饮服务人员为顾客提供服务的依据。

（3）菜单的基本内容

1）菜肴的名称和价格。菜肴名称应真实可信；外文名称应准确无误；菜单上列出的产品应保证供应；菜品的价格应明确无误。

2）菜肴介绍。主要配料及一些独特的浇汁和调料；菜品的烹调和服务方法；菜品的份额。

3）告示性信息。餐厅的名称；餐厅的特色风味；餐厅地址、电话和商标；餐厅经营的时间；餐厅加收的费用。

4）机构性信息。有的菜单上还介绍餐厅的档次、历史背景和特点。

（4）菜单的种类 菜单的分类方法较多，大致可根据餐厅类型、餐别、时间、市场需求等因素来进行分类。

1）按菜单制订政策分。

①固定型菜单：不常变换的菜单，常用于顾客流动性大的餐饮企业。由于菜单上的品种比较固定，餐饮生产和管理容易标准化。

固定型菜单必须具备两个基本特征：一是针对就餐者的日常消费需要制订；二是菜单上所列的经营品种、价格在某一特定时间内不应发生变动。按国际餐饮惯例，这一特定时间一般为一年，但在我国，这一时间惯例有时会非常短。

②即时性菜单：指根据某一时期内原料的供应情况而制订的菜单。编制的依据是菜品原料的可得性、原料的质量和价格，以及厨师的烹调能力。适用于企事业单位的餐厅。

2）按客人点菜方式分。

①零点菜单：又称点菜菜单，菜单上每一道菜都标明价格且档次比较明显，能适应不同层次顾客的需求。

②套餐菜单：指在各个主菜中配选若干菜品组合在一起以打包价形式销售。

③宴会菜单：是为某种社交聚会而设计的、具有一定规格质量的、由一整套菜品组成的菜单。常见的宴会菜单有：公务宴请、招待会、便宴、婚宴、寿宴等形式。

3）根据就餐时间分：早餐菜单、正餐菜单（午、晚餐）、消夜菜单等。

4）根据餐别分：中餐菜单、西餐菜单、其他菜单等。

5）根据用途分：自助餐菜单、风味馆菜单、房内用餐菜单、儿童菜单、营养保健菜单等。

6）按形式分。

①印页式菜单：是图文并茂的平面设计作品，具有制作精美、周期性长、成本高的特点。

②台卡式菜单：是指插在餐桌上的台号牌里的临时性菜单。

③POP菜单：一种以海报形式来展现促销期间菜肴的品种特点和价格，目前珠三角许多酒店都比较注重此种菜单；另一种是以实物形式展示于海鲜池内或展览柜中。

（5）宴席的分类

1）按宴席菜肴的组成可分为中式宴席、中西结合宴席等。

2）按宴席规模可分为大型宴席、中型宴席、小型宴席。

3）按宴席价格等级可分为高档宴席、中档宴席、普通宴席。

4）按宴席的形式可分为国宴、便宴、冷餐酒会、家宴、鸡尾酒会、招待会等。

5）按宴席举办目的可分为婚宴、寿宴、迎送宴、纪念宴等。

6）按宴席主要原料或烹制原料可分为全羊宴、全鱼宴、全鸭宴、全素宴、山珍席、水产席、全禽席、全畜席等。

7）按宴席头菜原料可分为海参宴、鱼肚宴等。

8）按宴席历史渊源可分为仿唐宴、孔府宴、红楼宴、满汉全席、随园宴等。

9）按宴席地方风味可分为川菜席、粤菜席、苏菜席、鲁菜席等。

（6）案例：中式宴席菜单

宴席包括席桌上的酒菜配置，酒菜的上法、吃法、陈设等，与菜单稍有区别。总的来说，中餐宴席的格局是三段式。

1）第一段是“序曲”。传统的、完整的“序曲”内容很丰富、很讲究，包括以下内容：

①茶水。茶水又分为礼仪茶和点茶两类。不需要收费的茶，称为礼仪茶；需要收费的请客人点用的茶，称为点茶。

②手碟。传统而完整的手碟分为干果、蜜果、水果3种。现在的宴席一般就只配干果手碟。讲究的宴席往往都会在菜单上将茶水和手碟的内容写出来。

③开胃酒、开胃菜。在正式开餐前为了打开客人的胃口，传统宴席往往要配置开胃菜和开胃酒。一般开胃酒是低酒精度、略带甜酸味的酒，如桂花蜜酒、玫瑰蜜酒等。开胃菜一般是酸辣味、甜酸味或咸鲜味的，如糖醋辣椒圈、水豆豉、榨菜等。

④头汤。完整的中式宴席一般应该有三道汤，即头汤、二汤、尾汤。头汤一般为银耳羹、粟米羹、滋补鲜汤或粥品。

⑤酒水、凉菜。酒水、凉菜是序曲中的重要内容。俗话说“无酒不成宴”“酒宴不分家”。一般来说，越是高档的宴席，酒水的配置越高档，凉菜配置的道数越多。讲究的菜单在配置酒水的时候，除了要将酒水的品牌写出来以外，还要注明是烫杯还是冰镇。

2）第二段是“主题歌”。所谓主题歌，即是宴席的大菜、热菜。

①第一道菜称为“头菜”。它是为整个宴席定调、定规格的菜。如果头菜是金牌鲍鱼，那么这个宴席就称为鲍鱼席；如果头菜是葱烧海参，这个宴席就叫海参席。

②第二道烤炸菜。按传统习惯，第二道菜一般是烧烤或煎炸的菜品，如北京烤鸭、烤乳猪、烧鹅仔或煎炸仔排等。

③第三道二汤菜。这道菜一般为清汤、酸汤或酸辣汤，有醒酒的作用。一般随汤跟一道酥炸点心。

④第四道、第五道、第六道是可以灵活安排的菜，鱼、鸡、鸭、兔、牛肉、猪肉菜均可。

⑤第七道菜一般就要安排素菜，笋、菇、菌、时鲜蔬菜均可。

⑥第八道菜一般是甜菜。羹泥、烙品、酥点均可。因为喝酒、品菜已到尾声，客人要换口味才舒服。

⑦第九道菜是尾汤，也称座汤。传统的尾汤一般是全鸡、全鸭、牛尾汤等浓汤或高汤，意味着宴席有一个精彩的结尾。

3）第三段是尾声。以水果、主食为主。

6.2 宴会服务的协调

6.2.1 宴会服务的特点和作用

1. 宴会服务的特点

宴会一般要求格调高雅，在环境布置及台面布置上既要舒适干净，又要突出隆重热烈的气氛。宴会菜品品种多，在菜品选配上有一定的规格和质量要求，讲究色、香、味、形、器的配合，注重菜式的季节性，按一定的顺序和礼节递送上席，并可借助雕刻等形式烘托喜庆热烈的气氛。在接待服务上强调周到细致，讲究礼节、服务技艺和服务规格。从这个意义上来讲，宴会服务具有以下几个特点：

（1）宴会服务系统化　宴会服务并非仅指宴会服务员为顾客提供的服务，它同时还指从顾客咨询宴会相关事宜开始，到预订、筹办、组织实施、实际接待，以及跟踪反馈等，是宴会部各个部门员工共同努力、密切配合共同完成的工作。因此，宴会服务是一项系统性很强的工作，每一个环节既自成一体，又属于整体规划的一部分。任何一个环节的服务脱节或不到位都将影响整个宴会的正常运转。

（2）宴会服务的程序化　宴会部所提供的服务是有先后顺序的。也就是说，各项工作是按照一定的程序运行的，各个部门和岗位的服务人员都要遵守，不能前后颠倒，更不可中断，要求每个环节互相衔接。如摆台、铺台布、摆转台、摆小件餐具等，都是依次进行的，不可颠倒。

（3）宴会服务的标准化　每一项宴会服务工作都有一定的标准，要求服务人员严格遵循。比如预订，要求预订人员严格按照预订程序操作，填写指定的表格。再如席间服务，也是要求按规定的顺序和操作规范上菜、斟酒。这些操作规范和服务程序是服务人员工作的准则，不允许有背离和疏漏。

（4）宴会服务的人性化　宴会服务是一门综合艺术。它服务的对象是人，不仅要为顾客提供饮食产品，提供规范有序的服务，而且服务中要以人为中心，强调人性化。如服务中带着自然的微笑给顾客亲和感；凡事一声“请”“先生，请问您需要什么？”给顾客被尊重的感觉；想顾客之所想，帮顾客之所需，周到细致，给顾客“宾至如归”的温馨感和信赖感。

2. 宴会服务的作用

（1）宴会服务质量的高低，直接体现宴会规格的高低　不同规格的宴会对宴会厅的布局、摆台、座次的安排，以及席间服务的要求是不同的。赴宴者有时可以根据服务人员的服务质量来评判宴会档次和规格的高低。为此，宴会工作人员要努力通过提高服务质量来提高宴会本身的规格。如本来是便宴，但如果顾客得到的是高规格的服务，则宴会本身便增值了，举办宴会者会感到物有所值，甚至是超值；而高规格宴会却给顾客提供便宴的服务水平，则宴会随之贬值，高档宴会在顾客眼里也只是普通的宴会了。

（2）宴会服务质量的高低直接影响宴会的气氛　不论是中餐宴会还是西餐宴会都非常讲究宴会的气氛，席间往往有宾主讲话或致辞，有的还有席间演奏或文艺表演。作为营造这种气氛的服务人员，如果服务质量高超、技巧娴熟，则起到锦上添花、画龙点睛的作用。如满汉全席的服务人员要求身着民族服装，步伐轻盈整齐一致，间或有满族舞姿造型，配以民族音乐，使宾客在享受民族佳肴的同时，领略民族饮食文化、民族风情，席间气氛欢愉融洽，使宴会掀起一个又一个高潮，从而营造出文雅欢快的宴会氛围。

（3）宴会服务的成败决定宴会经营的成效　宴会的成功与否取决于诸多因素。主办者举办宴会往往有明显的目的，或表示友好，或答谢，或庆祝等。经验丰富的宴会工作人员在了解宴会主办者的目的之后，会运用各种服务技巧加强宴会主题气氛的渲染，使气氛和谐统一，达到令主办者满意的效果。一次成功的宴会，就是一次成功的宣传和营销。

（4）宴会服务质量的高低直接影响餐饮企业的声誉　宴会服务人员直接与顾客接触，顾客可以根据提供的食品、饮料的种类、质量和分量，以及服务人员的服务态度和服务方式来判断服务质量的优劣和管理水平的高低。所以，宴会服务的好坏直接关系到餐饮企业的声誉和形象。

由此可见，宴会服务在宴会中起着非常重要的作用。服务人员只有不断提高服务水平和服务质量，才能更好地满足顾客的需求，提高宴会的经济效益。

6.2.2　宴会服务实施方案的编制

编制宴会服务实施方案，是在接到宴会任务通知书、宴会菜单之后，为完成服务任务而制订的。主要包括以下几个方面。

1. 人员分工计划

规模较大的宴会，要确定总指挥人员。在准备阶段要向服务人员交任务、讲意义、提要求，宣布人员分工和服务注意事项。

（1）人员分工的基本内容　要根据宴会要求，对迎宾、值台、传菜、供酒及衣帽间、贵宾接待等岗位，制订明确的分工和具体任务要求，将责任落实到每个人。做好人力、物力的充分准备，要求所有服务人员思想重视，措施落实，保证宴会善始善终。

（2）人员分工的方法　大型宴会的人员分工，要根据每个人的特长来安排，以达到最佳组合，发挥最大效益。大型宴会需要宴会部门的所有服务员共同协作才能完成任务。贵宾席、主宾席的服务员的业务水平要高于其他人员，选择具有多年宴会服务经验的、技术熟练、动作敏捷、应变能力强的服务员；服务员的外貌要端庄、男女服务员的比例要恰当。

以360人的大型中餐宴会为例，服务人员的安排大致如下：

现场总指挥1人。

宴会厅一般划分为5个区，主席台为1区，其他可分为4个区，各区设1名负责人。

第一桌，安排16位宾客。第二桌、第三桌，各安排12位宾客。第一桌安排3位服务员（如果是贵宾，也可安排4人），1人走菜，2人服务。第二桌、第三桌每桌应安排2位服务员，1人盯桌，1人走菜。

其他32桌平均每桌10位宾客，每桌配备1名服务员，可两人一组，一名服务员负责2桌的斟酒、上菜、布菜的服务，另一名服务员负责走2桌的菜。

根据上面的安排，可以计算出盯桌服务员20人，走菜服务员19人，再加上前台服务员1名，共需服务员40人，后台清理工作还需8个人（不包括洗刷餐具的工作人员）。

一般设迎宾员2人；如有休息室，可安排2人负责休息室服务工作。这样共需要服务员52人即可完成整个宴会的工作。

其他类型宴会的人员分工和中餐宴会的人员分工有所不同，应根据具体情况来定。

为了保证服务质量，可将宴会桌位和人员分工情况标在图纸上，使参加宴会的服务人员了解自己的服务桌位等。有关宴会服务人员一定要明确宴会的结账工作由谁来完成，因为大型宴会增加菜点、饮料、酒水的情况经常发生，必须有专人负责账务，避免漏账。

2. 宴会场景的布置与物资准备

开宴前的物资准备是指为了确保宴会准时、高质、高效地开展而做的一切物资上的准备工作，具体包括场景布置、物品准备等。

（1）场景布置　宴会工作人员进行场景布置时，应该充分考虑到宴会的形式、标准、性质，以及参加宴会的宾主身份等，进行精心设计，使宴会场景能反映出宴会的特点，使宾客有清新、舒适和美的感受，体现高质量、高水平的服务。其具体布置要求如下：

1）布置要庄重、美观、大方，桌椅、家具摆放对称、整齐，并且安放平稳。

2）桌子之间的距离要适当。大宴会厅的桌距可稍大，小宴会厅的桌距以方便宾客入座、离席，便于服务人员操作为限，基本要求2米以上，但也不可过大。可以在四周和宴会厅空余地方布置一些树木花草、屏风和沙发等。

3）如果席间要安排乐队演奏，乐队不要离宾客的席位过近，应该设在距宾客3~4个座席远的地方。如果有文艺演出又无舞池时，则应该事先留出适当的位置作为演出场地。

4）酒吧、礼品台、贵宾休息室等，要根据宴会的需要和宴会厅的具体情况灵活安排。

（2）物品准备　开宴前的物品准备，主要包括以下几个方面。

1）备齐台面用品。宴会服务使用量最大的是各种餐具，宴会组织者要根据宴会菜肴的数量、宴会人数，计算出所需餐具的种类、名称和数量，列出清单并分类准备。

各种餐具、酒具要多准备20%的量备用。

2）备好酒品饮料。宴会开始前30分钟按照每桌的数量拿取酒品饮料。取回后，要将瓶、罐擦干净，摆放在服务桌上，做到随用随开，以免造成浪费。

3）备好水果。宴会配备的水果其品种和数量要适宜。用于宴会的水果，如果采用整形上席的，则按两个品种、每位宾客150克计算数量，所使用的水果应是应季水果，最好选择本地的特产，但也要考虑宾客的喜好。

4）摆好冷菜。大型宴会一般在正式开始前30分钟摆好冷菜。服务员在取冷菜时一定要使用大长方形托盘，不能用手端取。

3. 宴会服务实施计划

（1）开宴前的检查工作　开宴前的检查，是宴会组织实施的关键环节，是消除宴会隐患，确保宴会顺畅、高效、优质运行的前提，是必不可少的工作。开宴前的检查工作很多，这里对主要工作进行简单介绍。

1）餐桌检查。宴会组织者在各项准备工作基本就绪后，应该立即对餐桌进行检查。检查的主要内容有：餐桌摆放是否符合宴会主办单位的要求；摆台是否按本次宴会的规格要求完成的；每桌应有的备用餐具及棉织品是否齐全；席次卡是否按规定放到指定的席位上；各桌的服务员是否已到位等。

2）人员到位检查。检查各岗位服务员是否到位；服务员是否明确自己的任务，对服务步骤、操作标准是否熟练掌握，着装仪容仪表是否符合要求。

3）卫生检查。检查内容包括个人卫生、餐具卫生、宴会厅环境卫生、食品菜肴卫生。

4）安全检查。目的是为了宴会顺利进行，保证参加宴会的宾客的安全，检查时应注意以下问题：

①宴会厅的各出入口有无障碍物，太平门标志是否清晰，洗手间的一切用品是否齐全，

如发现问题，应立即组织人力解决。

②各种灭火器材是否按规定位置摆放，灭火器周围是否有障碍物，如有应及时清除。要求服务人员能够熟练使用灭火器材，严格执行“四防”制度。

③宴会场地内的用具如桌椅是否牢固可靠，如发现破损餐桌应立即修补撤换，不稳或摇动的餐桌应加固垫好，椅子不稳的应立即更换。

④地板无水迹、油渍等，如新打蜡的地板应立即磨光，以免人员滑倒，查看地毯接缝处对接是否平整，如发现突出应及时处理。

⑤宴会用酒精或固体燃料等易燃品，要专人保管，检查贮存场所是否安全。

5）设备检查。宴会厅使用的设备主要有电器设备、音响设备和空调设备等，要对这些设备进行认真、详细的检查，以免发生意外事故，避免因设备故障影响宴会活动的正常开展。

①电器设备检查。宴会开始前，要认真检查各种灯具是否完好，电线有无破损，插座、电源有无漏电现象。开关要全部开启检查，保证宴会安全用电和照明灯具正常使用。

②空调设备检查。宴会开始前要检查空调机是否正常运转，在开宴前半小时，宴会厅内就应该达到所需温度。宴会厅越大，空调设备开启的时间也应越早，并始终保持宴会厅内温度适宜。

③音响设备检查。多功能宴会厅一般都配备音响设备，在宴会开始前，要装好扩音器，并调整好音量，同时做到逐个试音，保证音质。如用有线设备，应将电线放置在地毯下面。

④其他设施检查。宴会开始前应认真检查宴会厅内各种设施的安排，是否能烘托出所需要的气氛。

（2）宴会现场指挥管理　宴会在进行过程中，经常会出现一些意外的新情况、新问题，需要及时解决。因此，加强宴会现场指挥管理十分重要。宴会现场指挥一般由餐饮部经理或宴会部经理执行，规模较小的宴会也可以由主管执行。现场指挥的重点主要有以下几个方面：

1）协调。规模较大的宴会，服务人员也比较多，每位服务员首先要完成自己的任务，如果事先没明确安排，又需要服务员之间配合来完成某项工作，就需要现场指挥完成。如果协调不力，某一个环节脱节，容易导致整个宴会的失败，造成损失或遗憾。

2）决策。宴会开始以后，所有宴会服务人员进入最紧张、最繁忙的时刻，这也是各种突发情况最容易发生的时候。一旦出现需要短时间内迅速解决而又超出服务员权限的事情，现场指挥员就应该马上做出决策。如当顾客提出某道菜点有质量问题，需要更换或重新烹调，由于涉及宴会全体，现场指挥必须迅速作出判断和决策。

3）巡视。规模较大的宴会，现场指挥员要想全面了解宴会厅的情况，及时发现问题，必须不停地在宴会厅各处巡视，做到“腿要勤”“眼要明”“耳要聪”“脑要思”。同时，巡视不是简单地走和看，要边巡视边指挥控制。

4）监督。宴会开始以后，大多数服务员都按照规程进行服务，但可能也有少数服务员不按规范服务，简化或改变服务规程，此时，现场指挥员必须及时监督规范其行为。

5）纠错。服务员在服务过程中的一些不规范行为，要靠现场指挥员进行纠错。纠错的方法可以是提醒、暗示、批评，或用某种行为进行纠正。因开宴过程中服务员正在进行紧张的服务，故要注意纠错的方式方法，切不可粗暴批评或长时间说教，以免影响正常服务。

6）调控。宴会实施调控主要是对上菜速度的调控、宴会节奏的调控、厨房与餐厅关系的调控等。要了解宴会所需时间，以便安排各道菜的上菜间隔，控制宴会进程；要了解主人讲话、致辞的开始时间，以决定上第一道菜的时间；要掌握不同菜点的制作时间，做好与厨房的协调工作，保证按顺序上菜。同时，注意各桌上菜是否同步，防止上菜过快或过慢，影响宴会进展。

（3）宴会结束工作　宴会结束后，要认真做好收尾工作，使之有一个圆满的结局。做好宴会的收尾工作，主要包括以下几点。

1）结账工作。宴会后的结账工作是宴会收尾的重要工作之一，结账要准确、及时，不可出现差错。第一，在宴会临近尾声时，宴会组织者应该让负责账务的服务员准备好宴会的账单。第二，根据预算领取的酒品饮料可能不够，也可能有富余。如果不够，则应将追加的酒品饮料费用与原来酒品饮料费用合并计算。如果有富余，则应将领取的酒品饮料退回发货部门，在结算时减去退回的酒品饮料费用。第三，各种费用在结算之前都要认真核对，不能缺项，不能算错金额。在宴会各种费用单据准备齐全后，由饭店财务部门统一开出正式收据，宴会结束后马上请宴会主办单位的经办人结账。

2）征求意见，改正工作。每次举办大型宴会，都是对宴会组织者、服务员和厨师的历练。餐饮部经理或宴会部经理在宴会结束后，应主动征询主办单位对宴会的评价，征求意见可以从菜肴、服务、宴会厅设计等几方面考虑。征求意见可以是书面的，也可以是口头的。如果在宴会进行中发生一些令人不愉快的事件，要再次向顾客道歉。如顾客对菜肴的口味提出意见和建议，应虚心接受并及时转告厨师，以防止下次宴会再出现类似问题。一般来说，宴会结束后，要给宴会主办单位发一封征求意见和表示感谢的信件，并希望今后继续合作。

3）整理餐厅，清洗餐具。大型宴会结束后，应立即督促服务人员按照事先的分工，抓紧时间完成清台、清洗餐具、整理餐厅的工作。

4）认真总结，做好宴会档案立卷工作。宴会结束后，应及时召开总结大会，肯定成绩，找出问题，提出整改措施，表彰服务工作突出的部门和人员，以利于进一步提高宴会服务水平和服务质量。此外，要将整个宴会活动的计划及相关资料，如图片、影像资料、总结材料等存档，为今后的宴会工作提供借鉴和帮助。

技能训练2 宴会服务实施方案的编制要求及步骤

（1）宴会服务实施方案的编制步骤 宴会服务实施方案是根据宴会任务的目标要求编制的、用于指导和规范宴会服务活动的技术文件，是整个宴会实施方案的组成部分。其编制步骤如下：

1）充分了解宴会任务的性质和目标要求。

2）在充分掌握宴会活动各种信息的基础上，确立宴会服务任务的要求与各项工作的目标。

3）制订人员分工计划。

4）制订宴会场景布置计划。

5）制订宴会台型设计计划。

6）制订服务操作程序和服务规范。

7）制订各项物品使用计划，如台布、酒具、餐具的种类、规格、数量等。

8）宴会运转过程的服务与督导，以及其他工作的安排。

9）编制成宴会实施方案。

（2）宴会服务的组织实施步骤

1）统一宴会服务人员思想，熟悉宴会服务工作内容，熟悉宴会菜单内容。

2）落实人员分工，分解服务任务，明确工作职责和任务要求。如值台服务员要明确站立走位、上菜、分菜撤菜、服务位置、更换骨碟、斟酒、迎客送客等服务内容、操作方法和操作标准；走菜服务员要知道何时取菜出菜、出菜顺序、装托盘、出菜行走等工作内容、操作方法和操作标准。

3）做好各种物品的准备工作。

4）根据设计要求布置宴会餐厅，摆放宴会台型。

5）做好餐桌摆台，以及工作台的餐具和酒水摆放。

6）组织检查宴会开始前的各项服务准备工作。

7）加强宴会运转过程中的现场指挥和督导。

8）做好宴会结束后的各项工作。

技能训练3 宴会标准服务流程

标准服务流程是服务业的灵魂，酒店应针对顾客需求，提升文化品位，增加宴会产品的文化附加值；立足拳头产品，打造宴会品牌；重视出品，提高质量和服务设施；精心制作宴会菜单；正确处理顾客的投诉，切实提高宴会服务质量。以中餐宴会服务为例，可分为四个基本环节，分别是宴会前的准备工作，宴会前的迎宾工作、宴会中的就餐服务和宴会结束工作，见表6-2。

表6-2　中餐宴会服务流程与规范

服务流程	服务规范
准备工作	1）服务员根据菜式的服务要求，计算餐具的用量，特殊菜的作料，进行服务用具用品的准备 2）根据桌数和菜单选配瓷器、玻璃器皿、台布、口布、小毛巾、转盘等必备物品 3）准备好宴会菜单，菜单设计要美观精巧 4）根据宴会的类别、档次进行合理布置，检查灯光、室温、音响、家具、设施是否完好
摆台	1）服务员按宴会预订的人数，摆放宴会台面、座椅，座椅要摆放整齐，且围好椅套 2）对每一个台面进行摆台
开餐前准备	1）宴会当天，宴会领班要与销售专员确认最终人数、桌数，再和厨房工作人员沟通 2）领班陪同销售专员迎接宴会主办方，与其确认安排是否有变动，在许可的情况下给予配合，并核实宴会程序及上菜时间 3）宴会开始前10~15分钟，服务员将冷菜上桌，对于有造型的冷盘，将花型正对主人和主宾 4）宴会开始前10分钟，将葡萄酒斟好，以备客人开宴致辞结束时使用
迎接客人	1）客人到达前5~10分钟，迎宾员在宴会厅门口迎候客人 2）客人到达后，应主动向客人问好，并计算入场人数 3）在客人右前方50厘米处引领客人，步速要同客人的行走速度一致 4）时间或人数接近时，宴会领班通知主办方最新人数，最后确认桌数及上菜时间，并及时通知中餐厅厨师长
餐间服务	1）客人走到桌前，服务员为客人接挂衣帽，并为客人拉椅、奉茶 2）宴会开始后，为客人打开餐巾，铺在客人膝盖上 3）上热菜 ①菜要趁热上，厨房出菜时要盖好，上菜后，取走盖子 ②上菜时，须由主台开始 ③每上一道菜，要介绍菜名和风味特点 ④有的菜需要分菜，分菜要掌握分量、件数 ⑤分菜要先分主宾，继而按顺时针方向分给其他客人，最后才分给主人。若有女宾，应先为女宾分，后为男宾分 ⑥凡有鸡、鸭、鹅、鱼等有型、像生或围边有主花的菜，上菜时，有头或主花的一端均要朝向正主位 ⑦菜若配有作料，要先上作料，后上菜 4）根据现场状况，为客人提供斟酒服务
撤换餐具	1）重要的宴会要求每道菜换一次骨碟，换骨碟时，骨碟里有未吃完的食品，先征求客人的意见，客人同意后才换。若不同意，可将分好菜的骨碟放在客人右手边，旧骨碟的食品吃完即取走，并将新骨碟移往客人的正前方 2）除了正常的换餐具外，还要灵活处理，若发现个别客人骨碟内有牙签或尖锐的骨头等，应主动换骨碟 3）若客人的餐巾、餐具、筷子等掉在地上，须马上为客人更换 4）在客人用餐过程中，要及时提供小毛巾

（续）

服务流程	服务规范				
送别客人	1）客人起身离开时，服务员应拉椅，递送衣帽、提包，并协助客人穿衣，然后向客人礼貌道别并致谢 2）客人离开后，检查座位和台面是否有遗留物品，若有，要及时送还给客人 3）迎宾员送客至门口或电梯口，再次向客人致谢，微笑道别 4）服务员按顺序撤台，清点物品，做好卫生工作，使宴会厅恢复原样				
相关说明					
编制人员		审核人员		批准人员	
编制日期		审核日期		批准日期	

复习思考题

1. 简述宴会菜品与零点菜品生产的异同。
2. 详述宴会菜品合理搭配的原则。
3. 详述中餐宴会服务流程。
4. 简述宴会服务的特点和作用。
5. 简述宴会服务的组织实施步骤。
6. 论述中餐宴会标准化服务流程。

第二部分 高级技师

项目 7

菜肴制作与装饰

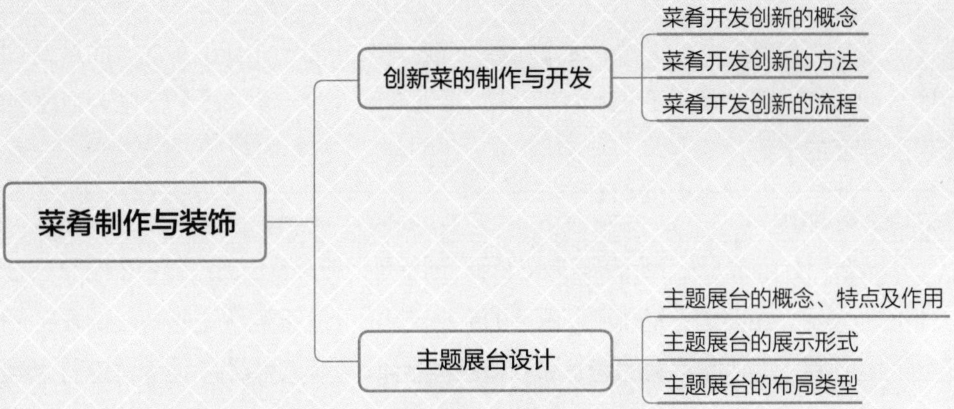

- 菜肴制作与装饰
  - 创新菜的制作与开发
    - 菜肴开发创新的概念
    - 菜肴开发创新的方法
    - 菜肴开发创新的流程
  - 主题展台设计
    - 主题展台的概念、特点及作用
    - 主题展台的展示形式
    - 主题展台的布局类型

7.1 创新菜的制作与开发

7.1.1 菜肴开发创新的概念

所谓菜肴开发创新是指将新的烹饪生产要素（原料、技法等）和生产条件（人员、设备等）相结合，产生新的菜肴的过程。这个创新过程包括了非技术性组配创新和技术性变化创新两种类型。菜肴的开发与创新是烹饪技法传承的有效途径，可以丰富菜肴的品种。

创新菜的概念由两个部分组成，第一是突出新，就是用新原料、新工艺、新调味、新组合、新包装形成的特色新菜品；第二就是要突出用，创新菜品必须具有食用性、可操作性和市场延续性。在界定创新菜时一定要将这两个方面结合起来，只具有其中一个方面是不完整的，甚至会将创新菜带入误区。有的只注重新而忽视用，在工艺上不计算时间，组配上不注重营养，选料上不计较成本，餐具上不讲究卫生，装饰上不考虑面积等；有的只注重实用而忽视新，如菜品不变餐具变，内容不变名称变等，所谓老酒换新瓶，这些都不是严格意义上的创新。

7.1.2 菜肴开发创新的方法

菜肴开发创新是一个系统工程。这个过程不是简单地开发一个新的菜品，而是要借助于这个过程来创造美，表象是为了使人们享受物质层面的新菜品，其本质则升华为通过创造带给人们精神层面的享受。

1．必要要素创新

（1）非技术性组配创新　所谓非技术性组配创新是指在菜肴创新过程中依据原料的种类变化获得的新菜品，主要指主辅料和调味品的品种变化。因为原料（主辅料和调味品）属于菜肴创新的物质基础，改变菜肴的配方即调整原料品种，不需要借助于技术，因而这种菜肴的创新有别于技术性变化创新的菜肴。非技术性组配创新要求菜肴开发人员能充分了解并掌握相关的专业理论和饮食文化方面的知识，为菜肴创新打下基础。

（2）技术性变化创新　所谓技术性变化创新是指在菜肴创新过程中依据技术的变化获得的新菜品，主要指料形和成熟方法的变化。对上述两个要素进行合理整合，或者对其中某一个要素进行区别于已有菜肴的质的改良，这样的创新才是真正意义上的创新。技术性变化创新要求创新人员能够熟练掌握各种刀法、烹调方法，平时要练就过硬的菜肴制作本领。

2. 必要要素加上非必要要素创新法

必要要素加上非必要要素创新法就是将两类要素中的各种因素综合考虑，以必要要素加上非必要要素中的一个或几个要素，进行菜肴创新。这种创新方法比单纯的必要要素创新法获得的菜肴更符合人们的要求。因为必要要素创新法的四个要素所表现的更多是菜肴内在的东西，而加入了非必要要素，其本质是将菜肴的外在予以充分表现。

7.1.3 菜肴开发创新的流程

菜肴开发创新是一项综合性工作。对具体从事菜肴开发的人员来说，有较强的技术要求，不仅要熟悉菜肴制作的一般流程，还要熟练掌握烹饪相关学科的常识。因此严格意义上说，并不是所有厨师都具备菜肴开发能力的。在菜肴开发之前，通常要对即将开发的菜肴进行设计，然后才开始进行菜肴选料和制作。

创新菜肴开发流程：设计（表格）——材料选择——工艺过程编制——新菜试制——内部评价——菜肴改进——送尝试销——反馈意见收集——复改定型——市场推广。

菜肴开发创新设计表有两种，见表7-1、表7-2。

表7-1 非经营性菜肴开发创新设计表

编号________

烹饪要素	内容	烹饪要素	内容
烹调方法		摘洗要求	
主料名称		刀工要求	
辅料名称		预处理要求	
调料名称		烹调程序	
选料要求			

设计人________ 编制日期________ 试制日期________

表7-1的使用范围主要是一些非经营性机构对菜肴的开发，如教学培训单位的教学菜品、参赛单位的参赛作品等。这些单位或为培养学生，将菜肴开发的方法教给学生，或为研制参赛作品，无论哪一类，都没有特定的成本核算方面的要求，因此表格相对简单。

表7-2则是经营性餐饮企业的菜肴开发，他们对菜肴的成本有严格的控制要求，因此表格内容相对全面一些。表中的主料、辅料和调料的数量、价格必须清楚地表现出来，其他内容也要尽可能详尽。

表7-2 经营性菜肴开发创新设计表

编号________

烹饪要素	内容	烹饪要素	内容
烹调方法		成菜味型	
菜肴成本		毛利控制	
质量标准		建议售价	
主料名称		选料要求	
辅料名称		烹调程序	
调料名称		工艺关键	

设计人________ 编制日期________ 试制日期________

技能训练1 采用新原料的创新

所谓新原料就是在某一地区尚未被开发利用的烹饪新原料，可以是地产原料，也可以是新培育的原料，或是国外引进的原料。但必须是未被列入国家动植物保护名录的原料，而且是对人体无毒无害的安全性原料。选择新原料时必须对相关保护法规有所了解，同时还要对原料中是否使用合成色素、防腐剂、增色剂、涨发剂、漂白剂，以及原料的安全性进行审视。使用新原料要对其口味、质感、功效有所了解，以便采用合适的调味和组配方法，确保新菜品的风味质量。

（1）运用国外新原料创制新菜

1）菜肴实例：鹅肝豆腐扒。

原料：鹅肝、豆腐、虾仁、干贝。

调料：盐、葱姜酒汁、酱油、蚝油、鲍汁、香油、鲜汤、淀粉、调和油。

做法：豆腐修成长方块，中间用圆形模具刻出圆孔；鹅肝也用相同大小的圆形模具修成圆形，镶在豆腐中间，用葱姜酒汁、盐抹在豆腐上稍腌制一会儿，然后拍上淀粉，放入锅中加油煎制，待两面金黄时即可出锅，锅中加鲜汤、酱油、蚝油、鲍汁烧开，放入豆腐、干贝、虾仁，用小火焖制入味，再用大火收浓汤汁，出锅前淋香油即可。

2）创新说明。此菜是选用法国特色原料鹅肝与中国特色原料豆腐创制的新菜品，鹅肝细嫩肥美，豆腐清淡爽口，两者结合，在质感和口感上达到了完美的统一。

3）应用范围。鹅肝是法国的特色原料，现在已在中餐中广泛应用，工艺和风味上与西餐中的鹅肝菜品相比都有所创新。代表菜如：鹅肝焗大虾、鹅肝春卷、锅贴鹅肝等。

（2）运用国内新原料创制新菜

1）菜肴实例：海星草鱼丝。

原料：鳜鱼肉、海星草。

调料：盐、味精、蛋清、淀粉、葱、姜、料酒、红椒、调和油、鲜汤。

做法：海星草洗净，切成丝；鳜鱼取净肉切成丝，用清水浸泡后加盐、味精、蛋清、淀粉上浆。葱、姜、红椒切成丝。锅上火放油烧热，将鱼丝滑油，成熟后捞出沥油。锅留底油，放葱、姜、红椒煸香，放入海星草煸炒，倒入鱼丝，加用盐、味精、料酒、鲜汤、淀粉调好的芡汁，翻炒均匀后即可出锅装盘。

2）创新说明。此菜是选用了沿海滩涂栽培的一种绿色植物海星草创新的菜品，此原料在国内是新开发的产品，既无污染又营养丰富，颜色碧绿、质地脆嫩，既可以单独成菜，也可以与多种动物性原料一起烹制。

3）应用范围。海星草属于脆嫩型的蔬菜，一般适宜炒或做成汤菜，应用范围很广。代表菜如：上汤海星草、香干海星草、海星草里脊丝等。

技能训练2　采用新组合的创新

有人认为合理的组合就是创新，通过中西组合、菜系组合、菜点组合、古今结合等合理的工艺组合，为菜肴创新提供了很大的发展空间。但在组合的过程中，必须保持菜肴原有的优良特色，中西结合要洋为中用，运用西餐中好的技法、调料来丰富中餐菜品，但仍要保持中餐的基本特色，如果所创制的菜肴以西餐特色为主，掩盖了中餐工艺特色，那并不是创新的目的和方向。古今结合更要古为今用，创制的菜肴要符合现代人的消费需求和饮食习惯。

（1）菜点组合创新　菜肴和点心虽然属于不同的工艺范畴，但也有许多相通之处，如点心的馅心制作与菜肴的炒、烩方法基本一致，点心的成熟方法与菜肴的成熟方法也是相通的。但长期以来这两种工艺在实际操作中都是截然分开的，没有充分地互补和融合。其实把菜肴与点心的工艺相互融合、各取所长，也是菜点创新的重要手段。

1）菜肴实例：酥皮明虾卷。

原料：大对虾、松子仁、酥皮、蛋黄、火腿。

调料：盐、味精、料酒、葱、胡椒粉、辣酱油、调和油、香油。

做法：虾去头去壳留尾，批开去肠洗净，剞十字花刀；用料酒、盐、胡椒粉、味精、辣酱油腌渍好，待用。松子仁入油中炸脆切成末；火腿、葱剁成末，加味精、香油拌成馅；把馅料塞入对虾切口中包裹合拢；酥皮切成1.5厘米宽、9厘米长的条，从虾尾部向虾头处绕起，收口处用蛋黄粘住，入油锅炸熟，装盘点缀即可。

2）创新说明。此菜将点心中的油酥与菜肴结合在一起，丰富了口感，使菜肴的色泽更诱人、层次更清晰，还增加了技术含量。

3）应用范围。酥皮除直接与菜肴混合使用外，还可制作成盏，作为菜肴的盛器；也可作为烤制菜肴的外皮，代替面团。代表菜如：酥皮鱼米盏、酥皮烤鸡柳等。

（2）中西组合创新 西餐的烹饪工艺虽然没有中餐烹饪工艺复杂，但也有许多特色的工艺技巧值得中餐借鉴学习，如西餐中的温度控制、配比标准、烤煎技法、吊汤技法、装盘美化等，都是中餐创新可以借鉴的烹饪技法，同时对中餐菜肴的质量和标准控制都有一定的参考价值。

1）菜肴实例：烤鸭汉堡。

原料：烤鸭、小面包、生菜、黄瓜、京葱。

调料：甜面酱、白糖、味精、鲜汤。

做法：将烤鸭皮、肉分别批成片；生菜切片，黄瓜、京葱切丝；甜面酱加白糖、味精、鲜汤炒香。将烤好的小面包从中间剖开，取适量烤鸭皮、烤鸭肉，蘸上炒好的甜面酱，生菜、黄瓜、京葱按层次夹入烤好的小面包中装盘即可。

2）创新说明。此菜将中餐传统的烤鸭与西餐流行的汉堡有机地结合在一起，使两者的风味得到互补，用汉堡替代传统的薄饼，是典型的中西结合菜肴。

3）应用范围。汉堡中填酿的内容可以变换，可以是烤制的菜如烤鳗鱼、烤羊排等；也可以是煎炸的菜如香煎鱼排、葱煎鸡柳等；或者是红烧、卤酱类的菜如红烧肉方、香卤牛头、酱鸭等。

（3）菜系组合创新 菜系是区域特色的一种体现，从菜系可以看出某区域的菜肴风格和特色，如口味特色、原料特色、刀工特色等。但菜系与菜系之间并不会因此而存在明显的界限，菜肴的成熟工艺在各菜系中基本一致，组配工艺在各菜系中也基本相似。特别是菜系之间的交流日趋频繁，菜系的融合、互补已是发展的必然趋势。

1）菜肴实例：宫保虾球。

原料：大虾仁、鸡蛋。

调料：盐、味精、白糖、葱段、姜片、料酒、酱油、醋、水淀粉、胡椒粉、干辣椒、花椒、辣油、高汤、调和油、香油。

做法：将虾仁开背去肠洗净，加料酒、盐、味精、鸡蛋、胡椒粉、水淀粉上浆待用。用醋、高汤、白糖、盐、酱油、辣油、水淀粉一起调成对汁芡。起油锅，待油温达120℃左右时，下虾仁滑油。另起锅，将葱段、姜片、干辣椒、花椒下锅煸出香味，加入对汁芡，入虾翻炒均匀，收汤汁，淋香油，装盘即可。

2）创新说明。宫保味是四川的代表味型，虾球则是江浙一带淮扬菜中的传统菜，将两者结合既能体现川菜的风味，又能体现淮扬菜的刀工和原料特色，形成的新菜口味纯厚、肉质细嫩、色泽红亮。

3）应用范围。在保留宫保味的基础上，通过原料的变化、工艺的变化，可以创制许多特色新菜，如与海鲜原料结合，可制作宫保鳗鱼花、宫保海螺片等；与淡水原料结合，可制作官保鱼丁、官保银鱼球等；与熘、烹等方法结合，可制作官保带鱼、官保咕噜肉等。

（4）古今组合创新　古今工艺是指借用古代的菜肴制作方法，和现代的菜肴制作方法结合，形成新的菜肴类型。

1）菜肴实例：虾蟹酿橙。

原料：虾仁、河蟹、脐橙。

调料：盐、味精、葱花、姜末、料酒、香雪酒、白菊花、酱油、白糖、醋、水淀粉、胡椒粉、高汤、调和油、香油。

做法：将脐橙洗净，在顶端用三角刻刀刻出一圈锯齿形，揭开上盖，取出橙肉和汁水，除去橙核和筋渣；河蟹煮熟，剔取蟹肉、蟹黄待用；虾仁洗净，用盐、味精、料酒、胡椒粉、水淀粉上浆；将炒锅置中火上，先加油烧至120℃，将上浆虾仁滑油后倒出沥油；锅中留底油，烧至160℃，投入葱花、姜末、蟹肉、蟹黄稍煸，倒入橙汁及一半橙肉，加入香雪酒15克、酱油1克、醋10克和少量白糖，煸透，加入滑油的虾仁，淋入调和油，盛入橙皮中，盖上橙盖。取大深盘，将橙子整齐地排放在盘中，盘中加入香雪酒250克、醋100克和白菊花（加热产生的香气作用于菜肴），上蒸笼用旺火蒸5分钟取出食用。

2）创新说明。此菜是根据宋代林洪的《山家清供》中蟹酿橙创制的特色名菜，将古代的菜肴烹制技法与现代原料和需求结合在一起，既保留了菜肴的文化特色，又体现了现代消费的习惯，是古今结合的代表之作。

3）应用范围。此菜以酿橙为主要特色，通过内容的变化可以创制类似的新菜品如橙香鱼米、橙香鲈鱼羹、橙香糯米肉等。

技能训练3　采用新工艺的创新

运用新的烹调方法、组配方法、造型方法也可制作出新菜。烹调方法由三个方面组成，一是挖掘整理传统的烹调方法运用到现代菜肴中，如古代的“石烙法”“酒蒸法”“灰埋法”等；二是将新科技开发的加热工具运用到现代菜肴中，如“远红外烤炉”“太阳能焖炉”“蒸炸烤混合炉”等；三是通过变换目前的烹调方法，使之成为新菜，如传统的“清炖狮子头”改成“香煎狮子头”、“红烧臭鳜鱼”改成“葱烤臭鳜鱼”等。

组配方法有多种变化，如调糊工艺，可以改变调糊的原料及比例，结合主料的变化创制新菜品；组配手法上的变化更明显，如包卷类菜肴，其外皮可以是蛋皮、糯米纸、油皮、荷叶、网油等；馅心可以是八宝馅、三丝、火腿等；成熟方法可以是蒸、炸、煎、熘、炒等。将它们排列组合可以形成新菜，这是工艺创新的重要手法。但真正的创新菜品，并不是简单地组合，还必须有新元素加入，如新的原料、新的调味料等。

造型工艺也有相当大的变化和创新的空间，其创新的表现形式主要是外观的变化，采用

的方法以刀工处理较多。

（1）运用新配方制作新菜

1）菜肴实例：啤酒糊大虾。

原料：大虾、面粉。

调料：盐、淀粉、发粉、啤酒、胡椒粉、番茄沙司、番芫荽（法香）末、调和油。

做法：将面粉、淀粉、发粉、啤酒、调和油、盐、胡椒粉、番芫荽末混合调成啤酒糊。大虾去头去壳（留尾呈凤尾虾状），裹上啤酒糊，入油锅炸黄炸熟装盘，番茄沙司跟碟，点缀即可。

2）创新说明。此菜在调配脆皮糊时巧妙地运用了啤酒来代替水，使糊更膨松，还增加了特殊香味。

3）应用范围。此糊的应用范围很广，运用脆皮糊的菜都可以用此糊，随主料的不同而出现不同的菜品。代表菜如：酒香鱼条、啤酒糊银鱼、脆皮小棠菜等。

（2）运用新设备制作新菜

1）菜肴实例：蒸炸酥鸭。

原料：光鸭。

调料：盐、葱、姜、料酒、花椒、八角、椒盐、番茄沙司。

做法：光鸭用盐、花椒、葱、姜、料酒、八角腌制2小时，放入蒸炸炉中，盖严锅盖，将蒸炸炉调至120℃蒸40分钟、180℃炸3分钟的仪表位置，接通电源，待完成指示灯亮后打开锅盖，将鸭子改刀成块装盘即可，食用时可配椒盐、番茄沙司蘸食。

2）创新说明。此菜的创新点是选用了新的烹制工具蒸炸炉，蒸和炸两种烹制方法用一台设备即可完成，可根据需要调节各自的加热时间和温度，菜肴酥香可口，质量统一，方便操作，适合大批量生产。

3）应用范围。这种工具适用单纯的蒸菜或炸菜，也适用于先蒸后炸或先炸后蒸的菜，并且具有蒸炸同时进行的工艺特色。代表菜如：香酥鸡、香酥鸭、爆烧鸭等。

（3）运用新造型制作新菜

1）菜肴实例：珊瑚鳜鱼。

原料：鳜鱼。

调料：盐、葱段、姜片、姜末、蒜粒、黄酒、浓缩橙汁、白糖、白醋、淀粉、调和油。

做法：将鳜鱼洗净，去头、尾，鱼身剖成两半，去除骨、刺，皮朝下置砧板上，剞菊花花刀（花瓣要长）；将鱼肉连同头尾一起入小盆内用葱段、姜片、盐、黄酒腌制10分钟入味后，拍上淀粉，使鱼肉花纹散开；炒锅置旺火上，下油烧至210℃时，将鱼肉炸至呈珊瑚状捞出；再将油烧至220℃，下鱼复炸2分钟后离火浸炸；炒锅置旺火上，下油25克烧热，下蒜粒、姜末煸香，再下清水、浓缩橙汁、白糖、白醋制成酸甜味芡汁，再把浸在油中的鳜鱼捞起装盘，将制好的芡汁浇在珊瑚鱼上即成。

2）创新说明。此菜在菊花鱼、松鼠鱼的造型基础上进行了创新，在剞刀时将斜刀的角度变大，使花纹更长，下锅时皮面向上，让花纹在炸制的过程中能完全竖立，成珊瑚状，体现出刀工的精细，整体造型也更有特色。

3）应用范围。此菜是在菊花花刀的基础上演变而来的，是菊花花刀的变形，凡适宜采用菊花花刀的原料都可运用此技法。代表菜如：珊瑚里脊、珊瑚牛肉、珊瑚冬瓜等。

技能训练4　采用新调味的创新

通过合理的调味手法用新调味原料制作出新味型的菜肴属于调味创新。界定菜肴是否属于调味创新，主要看菜肴是否产生新的味型，调味原料、调味手法是过程，新味型是结果，只用新原料或新手法，如果不能产生新味型，仍然不属于调味创新。近年来调味品生产技术发展迅速，调味原料十分丰富，许多国外调味品在中餐中广泛应用，国内调味品的品种也在不断增加，但归纳起来可分两大类，一类是对现有的味型进行复合，将分次投料变为一次投料，虽然给调味带来了很大的方便，也使调味更准确，但不属于创新的范畴，如麻婆调料、鱼香调料、鲍汁、浓缩鸡汁、清鸡汤等；另一类是新的单一或复合调味原料，但只有调配后产生明显变化的新味型才属于创新。如糖醋味型，将蔗糖换成片糖，或将香醋换成白醋，尽管原料有变化，但味型并没有明显的变化，故不属于创新。再如，菜肴成熟后，在旁边直接放入一种未经任何调配的新调料，虽然有新的味型产生，但这种新味型并没有经过厨师的调配，所以也不属于创新的范畴。如油炸的菜品，在盘边或调味碟中放入鱼肝酱、鸡酱、黄酱汁等。

（1）运用西餐调味品制作新菜　西餐调味品十分丰富，特别是香味料的运用很广泛，而且有明确的针对性。现在有许多西餐调味料已被中餐采用，通过中餐的原料、烹饪方法，结合西餐的调味品，可以开发和制作许多有特色的创新菜。

1）菜肴实例：芥香银鳕鱼。

原料：银鳕鱼、洋葱。

调料：芥末酱、沙拉酱、白醋、盐、味精、胡椒粉、葱姜酒汁、淀粉。

做法：银鳕鱼洗净吸干水，拌入盐、味精、淀粉、胡椒粉、葱姜酒汁腌制1小时。沙拉酱加白醋、芥末酱调匀，洋葱切丝后平铺在烤盘上，将调匀的芥末沙拉酱均匀地涂抹在银鳕鱼表面，再将银鳕鱼放洋葱丝上，入烤箱，以面火220℃、底火180℃烤8分钟，取出装盘放上饰物，跟味碟即可食用。

2）创新说明。此菜选用西餐中常用的调味料沙拉酱、芥末酱，运用中式烤的烹制方法，把中餐技法与西餐调味有机地结合在一起。沙拉酱色泽乳白、酱体胶稠，组织细腻，乳化均匀，有特殊的香鲜咸味。

3）应用范围。沙拉酱主要用于调制各种沙拉，也可当作煎炸食品的辅助调料，与番茄酱、

海鲜酱、柱侯酱等配合使用时，可使煎炸或烧烤菜的色泽和风味更加突出，香味更加浓郁。

（2）改变传统调味配比开发新菜 这种方法是在传统味型的基础上改进形成的，具体方法可根据原料的特色灵活掌握，有的是在原味型的基础上添加了一些新的调味料，如沙咖牛腩，是在咖喱牛腩的基础上添加了沙茶酱后形成的；有的是改变了原来味型所用的调料品，如茄汁，原来用的是番茄酱，现在可用浓橙汁、甜辣酱等调味品替代，改善了原有味型的风味特色。

1）菜肴实例：沙咖鸡翅。

原料：鸡翅、净竹笋。

调料：盐、葱、姜、料酒、咖喱汁、沙茶酱、冰糖、八角、干辣椒、调和油。

做法：鸡翅洗净；笋改切成块，入冷水锅焯透。锅上火放入油烧热，下葱、姜煸香，倒入鸡翅煸炒，加水、料酒、咖喱汁、盐、冰糖、八角、干辣椒，用大火烧开，然后倒入砂锅中，用小火慢炖30分钟，加入笋块、沙茶酱调匀，再加热20分钟即可。

2）创新说明。咖喱鸡是传统菜，此菜在咖喱味的基础上添加了沙茶酱，丰富了菜肴的风味，使菜肴的色泽更加红亮，口味更加浓郁。

3）应用范围。此菜的调味方法可应用到一般的红烧或烩制菜中，适当调整咖喱和沙茶酱的配比还可应用到凉菜的卤制中。代表菜如：沙咖茭白、沙咖猪手、沙咖鱼尾等。

（3）运用国内新开发的调味品制作新菜 国内调味品生产开发的速度很快，除复合型的新调味品不断出现外，还有许多专用的调味品也相继出现，如浓汤、清汤、鲍鱼汁、麻婆豆腐料、火锅底料等，这既给烹饪带来了方便，也为菜肴创新提供了物质基础。

1）菜肴实例：甜辣鳗鱼花

原料：鳗鱼。

调料：盐、味精、绍酒、姜末、姜汁水、蒜泥、胡椒粉、干淀粉、水淀粉、白糖、甜辣酱、醋、调和油。

做法：将鳗鱼宰杀洗净，取带皮鱼肉，用直刀剞十字花刀，切成约4厘米见方的块放在碗内，加入盐、味精、绍酒、姜汁水、胡椒粉、干淀粉拌匀上浆10分钟；取小碗放入白糖、甜辣酱、醋和水淀粉，调成芡汁待用；将炒锅置旺火上，舀入调和油，烧至140℃左右，将鳗鱼块滑油成熟后倒出沥油；炒锅内留底油，置火上，放入姜末、蒜泥，煸出香味，倒入滑油后的鳗鱼块，用调好的芡汁勾芡，待芡汁糊化后翻炒均匀装盘即可。

2）创新说明。此菜是在传统爆炒腰花的基础上改良的，主要创新点是调味汁的变化，选用了国内新开发的甜辣酱调制而成，改变了以前的酸甜味型，形成了目前比较受大众喜欢的甜辣味型。

3）应用范围。此调味汁主要适用于滑炒、爆制类菜，也可当作煎炸类菜的作料。代表菜如：甜辣里脊条、甜辣白菜卷、甜辣洋葱圈等。

7.2 主题展台设计

7.2.1 主题展台的概念、特点及作用

1. 主题展台的概念

主题展台是指为了达到某种社会目的，企业或会展组织方按照一定的规格、形式要求将菜肴集中展示的台面表现方式。由于菜肴展示通常围绕某一个主题，所以将这一类的展台称为主题展台。

2. 主题展台的作用

（1）扩大宣传，增强影响　由于主题展台本身具有的艺术性和观赏性，必然会吸引大量观众能扩大餐饮企业在社会上的影响，有助于提高餐饮企业的声誉。

（2）宣传企业文化、树立企业品牌　品牌战略已成为企业发展战略的核心，越来越多的餐饮企业都把主题展台作为创建和树立企业品牌的平台。观众在对某餐饮企业特色菜品进行近距离的观赏、品尝与鉴定时，更容易认可其品牌。

（3）展示企业的烹饪技艺水平　主题展台的作品往往是本餐饮企业最具特色的或最能体现本餐饮企业高超烹饪技艺的菜品，具有相当的典型性和代表性。

（4）体现企业员工的艺术素养　主题展台从每种菜肴的制作形式、色彩搭配、餐具选择、装盘造型等，到整个主题展台的布局式样、单元作品的组合方法、台布色彩的选择、声光电的运用等，无一不包含着艺术性。一个精美的主题展台，其所有单元作品之间层次分明、错落有致、相互衬托，给人以美的享受，主题性展台完全可以体现餐饮企业员工的综合艺术素养。

（5）吸引和引导消费　当人们听说某餐饮企业在举办主题展台时，会顺便甚至特意赶来观赏一番，凑个“热闹”，尤其是美食爱好者在展台上看到自己平时没见过或品尝过的新款菜肴时，会按捺不住激动的心情，趁机早早来享受那是必然的，这无疑是在吸引和引导市民的消费。

（6）培养员工的团结和合作精神　任何规模和形式的主题展台，都需要本餐饮企业内部很多部门及相当数量的员工共同参与和努力才能完成。如果部门与部门之间或员工与员工之间不团结、不合作，完美的主题展台是无法呈现的。因此，需要多部门、多员工共同参与制作主题展台，这就为培养员工的团结和合作精神提供了良好的机会。

（7）增强企业员工的自信心　制作精美的主题展台，肯定会吸引大量参观者，当参观者

给予高度评价，说明本餐饮企业员工的艺术素养、烹饪技艺水平和团结合作的精神等综合实力得到了承认和肯定，增强和提高了员工的自信心。

3. 主题展台的特点

（1）围绕主题，突出主题 主题展台都是围绕某一个明确而具体的主题展开实施的，因此在设计展台时就要紧紧围绕主题来考虑展示形式。如做“清荷宴”的主题展台，可以设计主雕为“荷花仙子”，展示菜肴用各种特色水产原料制作而成，则展台的主题一览无余，且非常突出。

（2）艺术性高于技术性 主题展台的所有单元作品无论从名称、色泽上，还是装盘形式上（主要指艺术造型形式），必须与主题相吻合，能够充分体现和展示主题。所以，主题展台的所有单元作品在制作过程中是否按烹饪工艺制作的基本规律，是否符合烹饪工艺制作的基本要求并不十分重要，重要的是这些单元作品本身是否具有一定的艺术性，给人以美的艺术享受。

（3）观赏性大于食用性 一方面，主题展台的所有单元作品真正的目的并不是为了让观众直接食用或品尝，有时为了充分展示本餐饮企业的烹饪技艺水平、体现员工的艺术素养等，制作过程更加精细。因此，所有单元作品在制作过程中已超出了“正常烹饪工艺制作技术”的范畴；另一方面，为了能尽量延长菜肴的“寿命”，部分单元作品在制作过程中可能会选用一些不可食用的替代物品，还有的单元作品在制作时考虑的不是以食用为目的，在调味上往往不“到位”，从这一角度而言，主题展台的单元作品只要“好看”就行，好不好吃无所谓。

7.2.2 主题展台的展示形式

1. 平面式展示

主题展台的作品展示在同一个层面，所有的单元作品没有明显的高度起伏，单元作品在展台上的位置相互之间没有明显的高度差，这种形式习惯上称为平面式展示。平面式展示较多地运用于台面较窄的小型主题展台中如“一字形”和“回字形”布局的展台。这种形式仅仅用于特色菜品的展示，一般没有大型食品雕刻的组合装饰。

2. 立体式展示

立体式展示指展示作品需要根据菜肴形式、表现方式按照一定的高低要求来呈现，作品之间明显存在人为设置的高度差。常见的形式包括单层立体式或多层梯形立体式展示。

（1）单层立体式 就是主题展台的台面是一个平面，但展台的单元作品之间明显有层次差异，整个台面明显分为两个层面，菜肴之间存在着一定的高度差。这种高度差的形成，主要是因为展示作品中一定有一个或一组菜肴是展示主体，为了突出这个主体，需要和其他菜肴错开，虽然普通单元作品之间也可以存在一定的高度差，但它们中的最高者也要比主作品低。因此，在采用单层立体式展示时，如果选用的是正方形、长方形或圆形的布局类型，其主作品往往放置在展台台面的中间，其他单元作品由高到低依次向外放置；如果选用的是“一”字形的布局类型，其主作品可以放置在展台台面的中央，其他单元作品双向由高到低依次由中心向外两侧放置。从正面来看，整个展台上的单元作品呈中间高、两侧低的梯形结构，便于观赏。

（2）多层梯形立体式　就是主题展台的台面不是一个平面，展台本身就由两层或两层以上的台面呈梯形结构组成，每个台面上再分别放置单元作品，整个展台上的单元作品自然形成一定的梯形结构，这种形式称为多层梯形立体式。一般来说，在展台的最上层台面（最高层）放置主作品，以此来达到突出主题的作用。这种形式，多用于面积较大的大型主题展台，如正方形、长方形或圆形的布局类型，由于各层展台的台面上放置的单元作品之间有明显的高度差，层次分明，立体感较强；另外，展台的台面层次较多，台面上放置的单元作品的数量大、品种多，因此，整个展台的内容非常丰富，具有较强的观赏性。当然，从制作角度而言，多层梯形立体式展台的工作量大，难度也高；从效果角度来说，多层梯形立体式展台规模大，观赏价值高。

7.2.3　主题展台的布局类型

1. 方形布局

方形布局是比较常见的展台布局形式，有正方形和长方形两种。

（1）正方形布局　就是将主题展台的台面以正方形摆布的一种类型，这种布局类型的展台占地面积较大，适合设置在正方形的大堂或餐厅的中央，四周留有一定的空间可供参观和行走，展台的形式宜采用单层立体式或多层梯形立体式。正方形展台虽然四周都可以观看，但一般以首先进入客人视线的一面为“正面”，也称为“主面”，其余各面称为侧面或副面。相对于正方形布局而言，正面只有一个，从其他面观赏时不可能达到从正面观赏的效果，所以，应当尽量把正面的效果充分利用，在组合、放置的时候就要充分考虑这一因素，把单元作品最“好看”的一面朝“正面”。

（2）长方形布局　长方形布局就是将主题展台的台面按长方形摆布的一种类型，占地面积较大，适合设置在长方形的大堂或餐厅的中央，四周留有一定的空间供参观和行走，如果长方形展台的宽度较宽，其展台的形式宜采用立体式；如果长方形展台的宽度较窄，其展台的形式宜采用平面式。需要注意的是，如果长方形布局的台面在四周留有通道，供人们观赏，那么展台的形式可以参照正方形布局或略作调整；如果布局是靠墙设立，则可以由里而外逐渐降低高度，做成多层立体式展示台面，有利于观赏。

2. 圆形布局

圆形布局就是将主题展台的台面按圆形摆布的一种类型，占地面积较小，适用于设置在面积较小的大堂或餐厅的中央，四周留有一定的空间供参观和行走。由于这类展台的面积较小，为了增加展台的容量，宜采用多层梯形立体式。

3. 条形布局

条形布局又称为一字形布局，就是将主题展台的台面设置成细长一字形的布局类型，占地面积较小。由于这种展台台面的宽度很窄，仅适用于设置在面积较小的餐厅，或如果设置在中间会影响其整体效果的餐厅的走廊中，且靠墙设置，只能从展台的一面观看，所以，只要在观看的一面留有一定的空间供参观和行走就可以了。这种布局类型的展台，宜采用平面式或单层立体式。

4. 异形布局

异形布局包括几种常见的形式，如回形、L形、U形等。回字形布局就是将主题展台的台面设置成回字形的一种类型，占地较大，但实际上是由四个细长的条形头尾衔接而成，中间部分是空的，适用于设置在面积较大而中间有立柱的餐厅或大堂，展台的台面围立柱而设，四周留有一定的空间供参观和行走。由于展台的台面较窄，且台面背部没有墙面，宜采用平面式设置。L形、U形展台应用相对较少，是因为场地的客观限制，在无法运用前述几种台面展示形式时才会选，L形其实是由两个条形展台相连，U形是三个条形展台相连，由于台面较窄，所以菜肴展示形式一般多采取平面展示。异形布局本质是条形展台的延伸，多半是由于场地条件的限制，但是如果布置得当，也能收到意想不到的展示效果。

技能训练 5　主题展台的设计步骤

（1）确定展示主题　确定主题是主题展台设计的第一步。展台的主题一旦确定了，其菜肴设计也就有了方向，明确了设计思路，技术路线也随之确定。

（2）了解展示位置　在确定了展台主题后，接下来就需要了解摆放展台的位置（场所、场地）。因为展台需要一定的空间，所以需要了解展台的位置（场所）有多大、多高，以及形状、环境等信息，才能有的放矢，后续的构思，确定展台的形式、形状、大小、高低等，才不会徒劳。

（3）精心构思布局　所谓构思，就是制作者对观察环境后的认识加以提炼、综合，进而设计出适合主题要求的造型。主题展台是一种供人欣赏、展示菜肴制作技艺及体现制作者综合美学素养和事务组织能力的烹饪艺术。主题展台的构思首先要在充分突出主题的前提下，立足于美的追求和艺术表现，使菜肴的题材、构图造型、色彩等符合烘托主题的要求，从而达到主题、题材、造型、意境四者的高度统一。构思的内容包括：展台的形式；展台的形状；展台的大小；展台的高低；题材的选择；作品的数量和大小等。

（4）作品制作　通常情况下，作品的表现形式有两种，一是单个作品呈现，习惯上称为单元作品；另一种是两个或以上的菜肴组合在一起呈现，称为组合作品。

当主题展台的构思结束后，单元作品的品种、数量和大小也就确定了，下一步就制作菜肴。首先根据构思的内容有目的地选择品种、部位、大小、质地、色泽等符合制作要求的原料，然后制作，如果需要，还要进行适当地修饰点缀。

在单元作品制作完后，需要进行组装或定位放置。组装成型包括三个内容，第一是布置台位，就是根据构思，利用物件搭建展台（形式、形状、大小、高低等）；第二是将大型雕刻作品的多种配件进行组装并定位放置；第三是将单元作品合理地定位放置。

（5）台面装饰美化　当单元作品在展台上全部组装并定位放置后，即进入装饰美化阶段，这是主题展台设计的最后一个环节，在单元作品之间、层面与层面之间或展台的某个部位放置（或安插）相应的花草（或符合主题的修饰物品），或者为了充分展示展台效果布置好需要的灯光等。

台面装饰美化的操作过程，实际上就是展台的装饰美化由局部到整体的操作步骤，这一操作步骤中有的是可以同时进行的，但绝不能逆转或颠倒。

1）单元作品的装饰美化。选用适当的原料、采用相应的方法对单元作品进行一定的修饰，这是展台装饰美化的第一个步骤。

2）组合作品的装饰美化。有时为了更好地体现和展示主题展台的效果，需要将菜肴适当组合，这种情况下，必须先组合好再进行装饰美化。

3）台面的装饰美化。台面的装饰美化主要是指当所有展示作品完全到位后，为了使台面上的单元作品之间的联系更加紧密，使台面更加美观、和谐的修饰过程。如在单元作品之间摆放相应的花草或装饰品及放置相应的菜牌等。

4）周围环境的装饰美化。周围环境的装饰美化是指当所有的展示作品及装饰美化完全到位后，为了使主题展台更醒目突出、内容更详尽而对周围环境采取一定美化的修饰过程。如在展台的上方（或四周）安装（或设置）相应的灯光（或花条）、给展台布置相应的背景、安装（或放置）展台介绍牌等。

复习思考题

1. 什么是菜肴创新？简述菜肴创新的意义。
2. 简述菜肴创新的必要要素。
3. 试述菜肴创新的非必要要素。
4. 简述创新菜肴的命名方法。
5. 简述菜肴创新的一般流程。
6. 什么是主题展台？其作用有哪些？
7. 试述主题展台的特点。
8. 平面式主题展台有什么特点？
9. 主题展台的立体展示包括哪几类？分别简述其特点。
10. 主题展台的布局类型包括哪些？
11. 主题展台的造型规律是什么？
12. 主题展台设计时应注意哪些问题？

项目 8

厨房管理

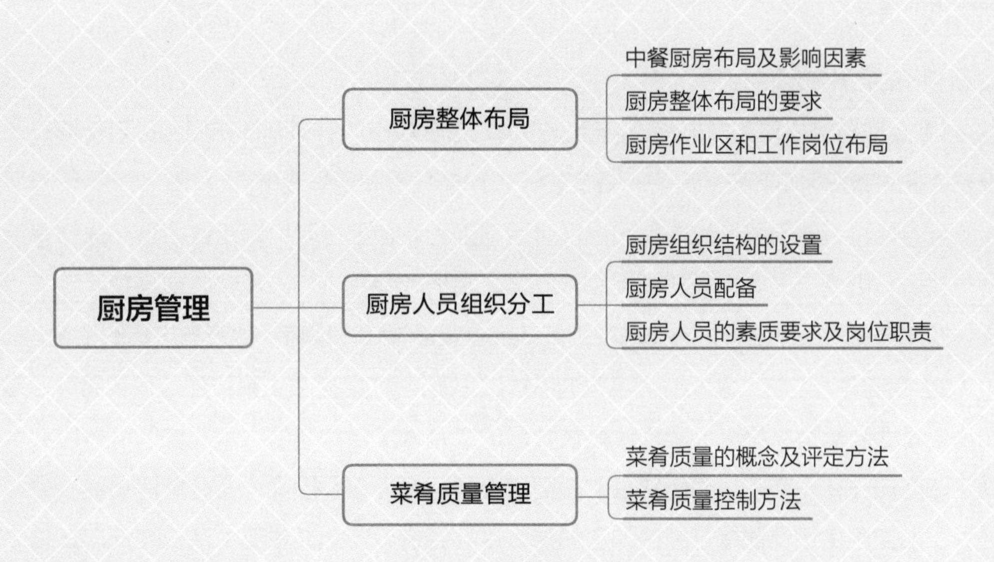

厨房管理
厨房整体布局
中餐厨房布局及影响因素
厨房整体布局的要求
厨房作业区和工作岗位布局
厨房人员组织分工
厨房组织结构的设置
厨房人员配备
厨房人员的素质要求及岗位职责
菜肴质量管理
菜肴质量的概念及评定方法
菜肴质量控制方法

8.1 厨房整体布局

厨房生产流程、生产质量和劳动效率，很大程度上受厨房整体布局的影响。厨房布局是否合理直接关系着员工的工作效率、方式和态度。科学高效的厨房布局可以减少生产性浪费，降低生产成本，便于管理，有效地提高工作质量和劳动效率。另外，厨房布局还关系到部门之间的关系和投入费用等。

8.1.1 中餐厨房布局及影响因素

1. 厨房布局的概念

厨房布局指在确定厨房的规模、形状、建筑风格、装修标准，以及厨房内各部门之间关系和生产流程的基础上，具体确定厨房内各部门位置，以及厨房生产设施和设备的分布。显然，厨房布局受多种因素的影响，其中有直接因素，也有间接因素。在设计布局时，管理者必须懂得厨房生产特点，避免因设计不合理导致生产流程不流畅和资金浪费。

2. 影响厨房布局的因素

（1）厨房建筑格局和规模大小　厨房的场地形状和空间，对整体布局构成直接影响。场地规整、空间宽阔，有利于厨房进行规范设计，配备数量充足的设备。

厨房的位置若便于原料的进入和垃圾清运，则为设计创造了良好条件；若厨房与餐厅处于同一楼层，则便于烹调、备餐和出品。反之，厨房场地狭小、不规整，或与餐厅不在同一楼层，设计布局则相对困难，需要进行统分结合，灵活设计，以减少生产与出品的不便。

（2）厨房生产功能　厨房生产功能即厨房的生产形式，是加工厨房还是烹调厨房；是中餐厨房还是西餐厨房；是宴会厨房还是快餐厨房；是粤菜厨房还是川菜厨房等。一般大中型餐饮企业厨房往往由若干个功能独立的分厨房有机组合而成。因此，各分厨房功能不一，设计各异。加工厨房设计侧重于配备加工器械；冷菜厨房设计则注重卫生消毒和低温环境的创造；西餐厨房的设计，应配备西餐制作设备。厨房的生产功能不同，对面积的要求、设备配备、生产流程方式均不同，设计必须与之相适应。

（3）公用设施分布状况　公用设施分布状况即电路、燃气管道等的分布情况，厨房布局必须注意这些设施的状况。考虑到能源必须不间断供给，厨房设计应该采用燃气烹调设备和电力烹调设备相结合的方法，以避免因为任何一种能源供应中断带来麻烦。总之，厨房设计既要考虑到现有公用设施状况，又要结合发展规划，制订先进的、适度超前的设计方案。

（4）法规和有关执行部门的要求　《食品卫生法》和当地消防安全、环境保护等法规，应作为厨房设计的重要因素，厨房的面积分配、流程设计、人员走向和设备选择都应符合法律法规的要求；减少因设计不科学、不安全，设备选配不合理，甚至配备的设备不允许使用造成的浪费。

（5）投资费用　厨房布局的投资是对布局标准和范围形成制约的经济因素，因为它决定着用新设备，还是改造现有设施设备，决定着重新规划整个厨房，还是仅限于局部改造。

8.1.2　厨房整体布局的要求

厨房整体布局，即根据厨房生产规模和生产风味的需要，充分考虑现有可利用条件，对厨房位置和面积进行确定，对厨房的生产环境及内部区域布局进行综合设计。

1．确定厨房位置的原则与选择

厨房位置一般根据整个建筑物的位置、规模、形状等来设计确定。由于厨房的生产过程不仅要强调卫生，而且还有垃圾、油烟、噪声产生，因此在确定厨房位置时要进行综合考虑、合理安排。

（1）确定厨房位置的原则

1）确保厨房周围的环境卫生，附近不能有任何污染。

2）厨房必须安排在便于抽排油烟的地方。

油烟随全年主要风向可能对企业建筑、餐厅及附近居民、周围环境造成不良影响，所以，厨房一般应设置在下风向或便于集中排烟的地方，尽量减少对环境的破坏。

3）厨房须设置在便于消防控制的地方，还必须便于原料运进和垃圾清运。

4）厨房须设置在靠近或方便连接水、电、气等公用设施的地方，以节省建设投资。

5）若餐厅运货梯位置、格局已定，厨房位置还应兼顾餐厅的结构，考虑上菜方便，所以厨房应设置在紧靠餐厅，并方便原料运送的地方。

（2）厨房位置的选择

1）大型综合型餐厅或高层建筑的餐厅，厨房多设在主楼或辅楼。

2）普通餐厅或低层建筑的餐厅，厨房多与餐厅紧密相连，处于建筑物的重要位置。

①设在建筑物底层。绝大多数餐饮企业将厨房设计在建筑物低层（一般是三楼以下），这种设置不仅方便原料运进，也便于垃圾清运，同时，也有利于厨房与能源的连接，对企业的安全生产和卫生控制非常有利，低层的厨房与餐厅紧密相连，顾客入店用餐方便。但不足之处是，低层厨房抽排油烟不太方便，往往需要高管导引，以减少对低层及附近环境造成的

污染。因而，在可能的条件下最好将厨房设在主楼下风向的单独辅楼内，以减少厨房生产对周围环境的影响。

②设在建筑物上部。当建筑物顶部设有便于观光的餐厅或高层设有高级套间（里面配有餐厅），为了保证餐厅出品质量，往往在高层建设厨房。设在建筑物上部的厨房，职能有限，通常只用作烹调或装盘处理。大量的加工或前期准备工作，需要设在低层的其他厨房协助完成，这样可减少上部厨房的工作量和垃圾产生。设在上部的厨房与辅助厨房之间，有方便的垂直运输渠道。厨房加热能源既要安全，又要卫生，因此多选用电加热。

③设在地下室。少数餐饮企业由于用房紧张，通常将厨房设在地下室。将厨房设在地下室，最大的困难是原料运入与垃圾运出。需要有方便原料和成品传输的垂直运货电梯，才能确保工作效率。同时，从安全角度考虑，许多地区规定设在地下室的厨房，不得使用管道燃气和液化气。所以，餐饮企业宁可把办公室设在地下室，也要确保厨房设在方便的位置。

2. 厨房面积及内部环境布置

（1）确定厨房面积的考虑因素　西餐所使用的食品原料的加工已实现社会化服务，如猪、牛等按不同的部位及用途进行规范、准确、标准的分割，按质按需定价，餐饮企业无须很多加工，便可直接使用。而国内的中餐原料市场供应不够规范，规格标准大多不一，原料多为原始、未经加工的“低级原料”，原料购进之后，大都需要进一步整理加工。因此，不仅加工工作量大，生产场地也要增大。

1）经营的菜式风味。中餐和西餐厨房所需面积要求不一，西餐相对要小些。一方面是因为西餐原料供应规范，加工精细程度高，同时，西餐在国内经营品种比中餐要少得多，原料品种范围和作业量，都可以准确预测和准备。另一方面，中餐所需厨房面积也不尽相同，如淮扬菜厨房相对比粤菜厨房要大些，因为淮扬菜在加工生产等方面工作量大，火功菜多，炉灶设备也要多配一些。又如，同是面点房，制作山西面食的厨房就要比粤点、淮扬点心的厨房大，因为山西面食的制作工艺要求有大锅大炉。

2）厨房生产量。生产量大小是根据用餐人数确定的。用餐人数多，厨房生产量就大，用具设备、员工等都要多，厨房面积也就要大些。而用餐人数既与企业的市场占有率、规模、餐厅服务的对象有关，又与是自助餐经营或零点或套餐经营等服务方式有关。用餐人数常有变化，一般以最高数作为计算生产量的依据。

3）设备先进程度与空间利用率。厨房设备革新很快，设备先进，不仅能提高工作效率，而且功能全面的设备，可以节省不少场地。如冷柜切配工作台，集冷柜和工作台于一身，可节省不少厨房面积。厨房空间利用率也与厨房形状及大小有很大关系。厨房高度足够，且方便安装吊柜等设备，可以配置高身设备或操作台，则平面用地节省很多。厨房平整规则，且无隔断、立柱等障碍，能为厨房合理的综合设计提供方便，也为节省厨房面积提供可能条件。

4）厨房辅助设施状况。配合、保障厨房生产必需的辅助设施，厨房设计时也必须考虑进去。辅助设施如员工更衣室、食堂、休息间、办公室、仓库、卫生间等，一般都应在厨房之外作专门安排，厨房面积可以得到充分节省。这些辅助设施，除员工生活用房外，还有与生产紧密相关的燃气表房、液化气罐房、原料库房、餐具库等。

（2）厨房面积确定方法

1）根据不同经营类型的餐位数计算厨房面积。按餐位数计算厨房面积，要与餐饮店经营方式结合进行。一般来说，供应自助餐的厨房，每一个餐位所需厨房面积为0.5~0.7米^2；供应咖啡厅和快餐厅制作简易食品的厨房，由于要求出品快速，故供应品种相对较少，因此每一个餐位所需厨房面积为0.4~0.6米^2。风味餐厅、正餐厅所对应的厨房面积要大一些，因为供应品种多、规格高，烹调、制作过程复杂，厨房设备多，所以每一餐位所需厨房面积为0.5~0.8米^2。

2）根据餐厅与厨房的面积比例确定厨房面积。对于一般酒店来说，餐厅与厨房面积的比例应为1：1.1。厨房面积包括菜肴加工场所面积、初加工间面积和食品仓库面积之和。一般情况下，星级饭店的餐厅与厨房比例为1：（0.4~0.5），因为在星级饭店中，许多场所共用，可以把厨房面积降至最小。餐厅面积应为餐位数与餐位面积的乘积，餐厅面积决定着厨房面积的大小。

3）根据厨房员工数量确定厨房面积。厨房面积大小涉及厨房生产能力与员工劳动条件和生产环境。为此，厨房设施规划中，应配置足够的厨房面积，保证经营需要，同时也有利于提高劳动效率。依据国家有关部门规定，厨房员工占地面积不得小于1.5米^2/人。因此，可按照厨房员工人数确定厨房的面积，只要用每人应占有面积乘以厨房员工的总人数即可。如某零点厨房有厨师50人，那么该厨房总面积（不包括厨房辅助性面积）就是50人乘以1.5米^2，即为75米^2。

4）根据餐饮总面积计划厨房面积。厨房面积在整个餐饮面积中，有一个合适的比例，餐饮部各部门的面积分配应合理，一般来说，厨房生产面积占餐饮总面积的21%，仓库占8%。在市场货源供应充足的情况下，厨房仓库的面积可缩小些，厨房生产面积可适当大些。餐饮部各部门面积比例可参考表8-1。

表8-1　餐饮部各部门面积比例表

各部门名称	所占百分比（%）
餐饮总面积	100
餐厅	50
客用设施	7.5
厨房	21
仓库	8

（续）

各部门名称	所占百分比（%）
清洗	7.5
员工设施	4
办公室	2

5）以餐厅就餐人数为参数进行确定。使用这种方法一般要预测就餐人数的多少，通常供餐规模越大，就餐人均所需面积就越小，因为小型厨房的辅助间和过道等所占面积不可能按比例进行调整，见表8-2。

表8-2 根据就餐人数确定厨房面积的参考标准

餐厅就餐人数	平均每位就餐者所需要的厨房面积/米^2
100	0.697
250	0.48
500	0.48
750	0.37
1000	0.348
1500	0.309
2000	0.279

（3）厨房内部环境布置 厨房内部环境布置主要包括厨房高度、墙体、顶部、地面、门窗等细节的设计。

1）厨房高度。厨房高度一般不应低于3.6米。厨房高度不够，容易使人感到压抑，也不利于通风透气，并容易导致厨房内温度升高。但一般不宜高于4.3米，便于清扫，能保持空气流通，对安装各种管道、抽排油烟机也较合适。

2）厨房墙体。墙体最好选用空心砖，空心砖有吸音和吸潮的效果。墙体防水应做到1.5米高。无论厨房设在哪个楼层，都应进行防水处理。根据旅游宾馆、饭店星级评定要求，三星级以上饭店厨房的墙壁必须用瓷砖从墙脚贴至天花板。这样厨房显得亮洁和宽大。

3）厨房顶部。厨房顶部可采用耐火、防潮、防滴水的石棉纤维或轻钢龙骨板材料进行吊顶处理，最好不要使用涂料。天花板也应力求平整，不应有裂缝。暴露在外的管道、电线要尽量遮盖，吊顶时要考虑到排风设备的安装，留出适当的位置，防止重复劳动和材料浪费。另外，燃气管道和蒸汽道必须明管布置。燃气管道表面涂黄色；蒸汽管道包裹保温材料。

4）厨房地面。厨房地面通常要求耐磨、耐重压、耐高温和耐腐蚀。因此，厨房地面处理有别于一般建筑物的地面处理。厨房地面应选用大中小三层碎石浇制而成，且地面要夯实。目前，厨房地面一般选用耐磨、耐高温、耐腐蚀、不积水、不掉色、不打滑又易于清扫的防滑地砖。地砖颜色不能有强烈的对比色花纹，也不能过于鲜艳，否则会引起烦躁情绪，易产生疲劳感。

5）厨房门窗。厨房门应考虑到方便进货、人员出入，厨房应设置两道门，一是纱门，二是铁门或其他材质的门，并能自动关闭。厨房的窗户既要便于通风，又便于采光。若厨房窗户不足以通风采光，可辅以电灯照明、空调或新风系统换气，在进出厨房的门头安装空气帘，以防止蝇虫进入，同时可防止厨房内温度受室外的影响。厨房对外连通门的宽度不应小于1.1米，高度不低于2.2米，以便于货物和服务推车等进出；其他分隔门宽度也不能小于0.9米。

3. 厨房各部门区域布局

厨房生产区域的合理划分与安排，是指根据厨房生产的特点，合理地安排生产先后顺序和生产空间分布。一般而言，综合性厨房根据菜肴烹制加工的工艺流程，其生产场所可以划分为四个区域。

（1）原料筹措区域　该区域包括原料进入后、处理加工前的工作地点，即原料验货处、原料仓库、鲜活原料活养处等。

原料购进之后，经过验收工序，冰冻状态的原料需要入冷冻库存放外，大批量购进的干货和调味品原料需要进入仓库保管，这类原料称为“仓领原料”。厨房日常生产使用数量最多的，是各类鸡鱼肉蛋、瓜果蔬菜等鲜活原料，一般要直接进入厨房区域，随时供加工、烹制，这类原料称为“直拨原料”。

（2）原料加工区域　原料加工是厨房进入正式生产的必要基础工作。这一区域包括原料领进厨房期间的工作地点、原料进行初步加工处理等地点，即原料宰杀、蔬菜择洗、干货原料涨发、初加工后原料的切割、浆腌等。与原料入店相似，原料进出厨房或加工间的工作量很大，因此，加工与原料采购、库存区域相邻比较恰当。

（3）菜肴生产区域　此区域通常包括热菜的配份、打荷、烹调，冷菜的烧烤、卤制和装盘，点心的成型和熟制等地点。可见，生产区域也是厨房设备密集、种类繁多的区域。一般可相对独立地分成热菜配菜区、热菜烹调区、冷菜制作与装配区、点心制作与熟制区四个部分。

（4）菜肴销售区域　菜肴成品销售区域介于厨房和餐厅之间，该区域与厨房生产流程关系密切的地点主要是备餐间、洗碗间、明档及水产活养处等。

1）备餐间对菜肴出品秩序和完善出品有重要作用，有些菜肴的调料、作料、进食用具等在此配齐，缺则为次品。

2）洗碗间的工作质量和效率，直接影响厨房生产和出品，位置也多靠近厨房，这样也便于清洗厨房内部使用的配菜盘等用具。

3）明档和水产活养处的功能是向顾客展示本店的特色品种，是一种辅助营销工具。

8.1.3 厨房作业区和工作岗位布局

厨房作业区和工作岗位布局从某种意义上讲，也是生产流程的布局。每个厨房规模、经营性质不同，布局上也有着不同要求。

厨房布局应依据厨房结构、面积、高度，以及设备的具体情况进行。以下几种布局类型可供参考。

1. L 形布局

L形布局通常将设备沿墙壁设置成一个犄角形。厨房面积有限的情况下，往往采用L形布局。通常把燃气灶、烤炉、扒炉、炸锅、炒锅等常用设备组合在一边，把另一些较大的如蒸锅、汤锅等设备组合在另一边，两边相连成一犄角，集中加热、集中抽排烟。这种布局方式在一般酒楼或饼房、面点生产间的厨房得到广泛应用。

2. 直线形布局

直线形布局适用于高度分工合作、场地面积较大、相对集中的大型餐馆和饭店的厨房，将所有炉灶、炸锅、蒸炉、烤箱等加热设备均作线形布局。通常是依墙堆列，置于一个长方形的通风排气罩下，集中布局加热设备，集中吸排油烟。每位厨师按分工专门负责某一类菜肴的烹调熟制，所需设备工具均分布在左右和附近，因而能减少取用工具的行走距离。与之相对应，厨房的切配、打荷、出菜台也直线排放，整个厨房整洁清爽，流程合理、通畅。这种厨房布局一般两头都设餐厅区域，两边分别出菜，这样可缩短跑菜距离，保证出菜速度。

3. 平行形布局

平行形布局是把主要烹调设备背靠背地组合在厨房内，置于同一通风排气罩下，厨师面对面站，进行操作。工作台安装在厨师背后，其他公用设备可分布在附近地方。平行形布局适用于方形厨房。此类布局由于设备比较集中，只使用一个通风排气罩而比较经济，但存在着厨师操作时，必须多次转身取工具、原料，以及必须多走路才能使用其他设备的缺点。

4. U 形布局

厨房设备较多而所需生产人员不多、出品较集中的厨房部门，可按U形布局。如点心间、冷菜间、火锅、涮锅操作间。将工作台、冰柜及加热设备沿四周摆放，留一出口供人员、原料进出，甚至连出品也可开窗从窗口接递。这样的布局，人在中间操作，取料操作方便，节省跑路距离，设备靠墙排放，可充分利用墙壁和空间，经济整洁，一些火锅店常采用这样的设计，有很强的实用性。

8.2 厨房人员组织分工

8.2.1 厨房组织结构的设置

设置厨房组织结构时，要根据餐饮企业规模、等级、经营要求和生产目标，以及设置结构的原则，来确定组织层次及生产岗位，使厨房的组织结构充分体现其生产功能，并做到明确职务分工，明确上下级关系，明确职责，有清楚的协调网络，以及把人员进行科学的组合，使厨房的每项工作都有具体的人去直接负责和督导。

1．厨房组织结构设置的原则

（1）垂直指挥原则　垂直指挥要求每位员工或管理人员原则上只接受一位上级的指挥，各级、各层次的管理者也只能按级按层次，向本人所管辖的下属交代任务，但并不意味着管理者只能有一个下属，而是专指上下级之间，上报下达都要按层次进行，不得越级。因此，当餐饮部经理或总厨师长听到有关菜肴质量的意见，或看到某厨房存在一些问题时，不应该直接去找相关厨师，而是应该通过具体分管该厨房的厨师长去处理。

（2）责权对等原则　“责”是为了完成一定目标而履行的义务和承担的责任；“权”是指人们在承担某一责任时，所拥有的相应的指挥权和决策权。

责权对等的原则要求是：在设置组织结构时，必须在承担责任的同时，赋予对等的权力。同时，管理者必须明白，虽然权力和责任已经委派给下属，但作为管理者最终应对下属的行为负责。责权对等就是要求在设置组织结构时，层次分明，划清责权范围，以便有效地进行管理。要坚决避免“集体承担、共同负责”，而实际上无人负责的现象。

（3）管理幅度适当原则　管理幅度是指一个管理者能够直接有效地指挥的下属人数，通常情况下，一个管理者的管理幅度以3~6人为宜，基层可适度放宽。影响厨房管理幅度的因素主要有以下几个方面。

1）层次因素。上层管理（行政总厨）由于考虑问题的深度和广度不同，管理幅度要小些；而基层管理人员与厨房员工沟通和处理问题比较方便，管理幅度一般可达10人左右。

2）作业形式因素。厨房人员集中作业比分散作业的管理幅度要大些。

3）能力因素。下属自律能力强，技术熟练稳定，综合素质高，幅度可大些；反之，幅度就要小些。

（4）职能相称原则　设计完组织结构后，需考虑到人员能力上的配备问题。在配备厨房

组织结构的人员时，应遵循知人善任、选贤任能、用人所长、人尽其才的原则。同时，要注意人员的年龄、知识、专业技能、职称等结构的合理性。

（5）精干与效率原则　精干就是在满足生产、管理需要的前提下，把组织结构中的人员数量降到最低。厨房内的各结构人员多少，应与厨房的生产功能、经营效益、管理模式相结合，与管理幅度相适应。精干的目的在于强调完善分工协作，讲求效率。因此，在厨房组织结构设置中，应尽可能缩短指挥链，减少管理层次。

2. 厨房内各组织的职能

（1）加工作业区职能

1）负责各厨房所需动物性原料（家禽、家畜、水产品等）的宰杀、去毛、洗涤等加工；植物性原料的拣择、洗涤、加工和切割等处理。有些主厨房还负责原料的腌制、上浆等处理，为配菜和烹调创造条件。

2）根据各厨房生产所需要的正常供应量和预订量，来决定原料加工的品种和数量，并保证及时按质、按量交付给各厨房使用。

3）正确掌握和使用各种加工设备，并负责其清洁和保养。

4）严格按照加工标准和加工规程进行加工，做到物尽其用，注重下脚料的回收。

5）加工后的原料要及时妥善保存，以保证质量。

（2）切配作业区职能

1）负责将加工后的原料进行各种刀工处理，并根据菜单要求和配份标准进行配制，使之成为一份完整的菜肴原料，及时送炉灶区烹制。

2）控制菜肴的配制数量、质量，做好成本控制工作。

3）对剩余的半成品原料和剩余的成品菜肴，要妥善地保存，以防损耗。

4）对切配作业区的冷藏设备及其他厨房设备，要进行定期的清洁和保养。

（3）炉灶区职能

1）负责将配制后的半成品原料烹制成菜，并及时提供给餐厅。

2）按照菜肴的制作程序、口味标准、装盘式样等进行合理烹制，以保证菜肴质量的稳定性。

3）负责冷菜间的凉菜烹制。

4）负责本作业区设备的清洁卫生和保养。

（4）冷菜作业区职能

1）负责各式冷菜的制作和供应。

2）一般要负责早餐的供给。

3）负责水果拼盘的制作。

4）有些餐厅还需冷菜作业区提供热菜盘饰的制作等。

5）负责本作业区设备的清洁和保养。

（5）面点作业区职能

1）负责制作和提供各式中式点心。

2）负责各厨房的主食制作。

3）负责各式甜点的制作。

4）负责本作业区设备的清洁和保养。

（6）烧烤蒸煮作业区职能

1）负责制作各厨房所需的烤制食品。

2）负责烧制大批量制作的菜肴和需长时间加热蒸煮的菜肴。

3）负责本作业区设备的清洁和保养。

8.2.2 厨房人员配备

合理配备厨房人员数量，是提高劳动生产率，降低人工成本的途径，是满足厨房生产的前提。

1. 确定厨房人员数量的因素

厨房每个岗位上所需的人数，通常根据生产量来决定，对于一家新开业的餐饮企业来说，厨房人员数量应根据企业规模、经营档次、餐位数、餐位周转情况、菜单、餐别、设备等因素来综合考虑，以求得最佳人数，既不浪费人力，又能满足生产要求。

（1）厨房经营规模的大小和岗位的设立　厨房规模大，生产任务量大，各工种分工细，岗位设得多，所需人数就多。岗位班次的安排，与人数直接相关。有的厨房实行弹性工作制，忙时，上班人数多；闲时，上班人数少。有的厨房实行两班制或多班制，这样分班岗位上的基本人数就能满足厨房生产的运转。

（2）餐饮企业的经营档次、顾客特征及消费水平　餐饮企业经营档次越高，消费水平相对也越高，菜肴的质量标准和生产制作也越讲究，厨房的具体分工也越细，所需的人数也越多。顾客消费能力强，对菜肴质量要求高，既对厨师的技术能力要求高，又对相关辅助性工作有一定要求，从而配备的人手要多些。

（3）餐厅营业时间的长短　餐厅营业时间的长短，对生产人员配备也有很大影响，有些餐饮企业是24小时营业，甚至还从事外卖，这种情况下，厨房班次就要增加，人员配备就要多些，若是只供应午餐和晚餐，人手配备则可相应减少。

（4）菜单经营品种的多少，菜肴制作难易程度及出品标准的高低　菜单内容标志着厨房的生产水平和风格特色。如果菜单所列的菜肴规格档次高，菜肴制作难度大，厨房就需要有较多技术高超的厨师。因此，厨师人数的多少与菜单有着直接关系。菜单品种多，制作难度大，厨师就得多一些；如果菜单的品种少或菜肴适宜大批量制作，厨房的人数就可少一些。

（5）厨房设计布局情况及设备的完善程度　厨房人手配备要考虑厨房布局是否紧凑、流畅，设备是否先进，功能是否全面。如果厨房配套先进的切丝、切片机，以及去皮机、搅拌机等设备，人员就可相对少一些。另外，厨房购进的烹饪原料，其加工的复杂程度也影响配备人数。

2．厨房人员数量的配备方法

（1）根据厨房组织结构的设置要求，寻找最合适的人选　所谓最合适人选，并非指某个人十全十美，而是这个人具备生产需要的某种特长。如炉灶厨师的优势是身材高大，体魄健壮；若身材过于矮小瘦弱，就很难胜任这份工作。任何人都有自己的长处和短处，那些具有上进心，肯钻研业务，有文化，有一定组织能力的人，安排到管理岗位上就较为合适。那些工龄长、资格老、技术好，但文化水平较低、为人低调的老员工，可以是一位好厨师，而不一定是好的管理者。因此，在岗位人员的选择上要做到知人善任，唯有如此，才能真正挖掘出每个人的潜力。

（2）用开展岗位竞争的方法选择人才　厨房工作岗位差别很大，有的岗位多人争着干，有的岗位却很少有人愿意干。对于这种情况，可以开展竞争，用考核的手段择优录取。某餐饮企业就炉灶厨师这个岗位，进行了实践考核，按考核成绩排列，成绩优异者定为头炉，以下依次定为二炉、三炉。被选上的人不仅有一种自豪感，同时也有一种责任感。头炉与二炉的岗位工资有很大差别，落选者也只有努力工作，学好技术，以后再参加竞争，当然，这种考核定岗不是终身制，厨师长有权随时换掉不能胜任或造成工作失误的员工。

（3）采用人才互补加强岗位建设　从管理心理学这个角度出发，把具有各种不同专长或性格各异的人合理搭配，就会形成最佳的人才结构，从而减少内耗。互补包括年龄的互补、性格的互补、知识的互补、技能的互补等。只有使每个人各显其长、互补其短，才能构建一个理想的生产结构和管理结构。

8.2.3　厨房人员的素质要求及岗位职责

1．行政总厨的素质要求及岗位职责

行政总厨的直接领导是企业董事会和总经理或餐饮总监。

行政总厨的管理对象是分店或部门厨师长。

由于行政总厨是中餐厨房的最高管理者，其责任重大，因此对行政总厨的任职要求与综合素质要求较高，具体有如下几个方面。

（1）素质要求

1）思想政治和职业道德。

①拥护党和国家的方针政策，有一定的政策水平。

②具有强烈的事业心和责在感；遵纪守法，廉洁奉公。

③工作认真，实事求是，顾全大局，团结协作，热心服务，讲求效率。

2）专业水平。

①业务知识。掌握厨房生产与管理的业务知识；熟悉食品原料和烹调工艺的基本原理及食品营养卫生知识；精通成本核算及餐饮销售、酒水知识；了解安全生产、食品库房管理等知识；熟悉主要客源国饮食习俗方面的知识；了解本专业的发展动态，掌握计算机管理和使用知识。

②政策法规知识。熟悉食品卫生法、消防安全管理条例；了解旅游及有关涉外法规；熟悉饭店的有关政策和规章制度。

3）工作能力。

①业务实施能力。能正确理解上级的工作指令，对厨房生产和管理实行全面控制，圆满完成工作任务。

②组织协调能力。能合理有效地调配厨房的人力、物力和财力，调动下级的工作积极性，擅长沟通。

③开拓创新能力。能及时准确地进行餐饮市场的预测和分析，不断更新菜肴品种。

④文字表达能力。能熟练撰写工作报告、总结和各种计划，能简明扼要地向部下传达工作指令。

⑤外语能力。对于星级酒店和高档餐饮企业，要求行政总厨能用一门外语阅读有关业务资料，并能进行简单的会话。

4）学历、经历、技术等级、身体素质及其他。

①学历：大专及以上。

②经历：在厨房管理岗位上工作四年以上。

③技术等级：技师以上或高级烹调技师。

④身体素质：身体健康，精力充沛。

（2）岗位职责

1）根据企业管理层的指示，负责企业整个厨房系统日常工作调节、部门沟通，做到“上传下达”。

2）负责企业整个厨师队伍技术培训规划和指导。

3）负责厨房系统菜肴、原料研究开发和厨房管理的系统工作。

4）组织企业对关键原料品质的鉴定和培训工作。

5）对企业厨师系统的考察与考核评级作总体把关和控制。

6）协助上级处理各种重大突发事件。

7）负责组织新菜肴的设计和开发工作，不断了解菜肴市场动态和动向。

2. 中餐厨师长的素质要求及岗位职责

中餐厨师长的直接领导是行政总厨。

中餐厨师长的管理范围是红案、白案、凉菜组长。

（1）素质要求

1）具有大专以上学历或同等文化程度的学历。

2）具有高级专业技术职称，10年以上工作经验。

3）熟练掌握本酒楼的烹饪技术，熟悉各种菜肴的特色和特点。

4）具有中国烹饪历史文化和其他菜系的烹饪知识。

5）具有良好的语言表达能力，善于处理人际关系，协调部门关系，具备厨房内部规范化管理的技能。

6）熟悉原材料质量标准、菜肴质量标准。

7）能够及时处理突发事件，确保酒楼业务正常运行。

8）善于指导和激励下属员工工作，准确评估员工工作表现，编制员工培训方案和计划。

9）努力学习业务知识，熟练掌握一门外语，不断提高技术水平和管理水平。

（2）岗位职责

1）根据餐饮经营的特点和要求，制订零点和宴会菜单。

2）制订厨房的操作规程及岗位职责，确保厨房工作正常进行。

3）检查厨房设备和厨具、用具的使用情况，制订年度订购计划。

4）每日检查厨房卫生，把好食品卫生关，贯彻执行食品卫生法规和厨房卫生制度。

5）根据不同季节和重大节日，组织特色食品节，推出时令菜式，增加花色品种，以促进销售。

6）负责保证并不断提高食品质量和餐饮特色。

7）指挥大型和重要宴会的烹调工作，制订菜单，对菜肴质量进行现场把关，重大任务则亲自操作以确保质量。

8）定期实施厨师技术培训，组织厨师学习新技术和先进经验，定期或不定期对厨师技术进行考核，制订值班表，评估厨师水平，对厨师的晋升调动提出意见。

9）负责控制食品和有关劳动力成本，准确掌握原料库存量，了解市场供应情况和价格；根据供应和宾客的不同口味要求制订菜单和规格；审核每天厨房的申购单，负责每月厨房盘点工作，经常检查和控制库存食品的质量和数量，防止变质、短缺，合理安排使用食品原料。审核高档原料的进货和领用，把好成本核算关。

10）负责指导主厨的日常工作，根据宾客口味要求，不断改进菜肴质量，并协助总经理助理设计、改进菜单，使之更有吸引力；不断收集、研制新的菜肴品种，并保持地方菜的特色风味。

11）经常与前厅经理、行政部等相关部门沟通协调，并听取宾客意见，不断改进工作。

技能训练 1　科学设置厨房组织结构

（1）大型厨房组织结构　大型厨房由若干个不同职能的厨房组织构成。为便于系统管理，需设立厨房中心办公室，这是厨房最高管理机构，负责指挥整个厨房系统的生产运行。大型厨房总厨师长全面负责主持工作；副总厨师长具体分管一个或数个厨房，并分别指挥和监督各分厨房厨师长的工作，各分厨房厨师长负责所在厨房的具体生产和日常运营工作。大型厨房组织结构见图8-1。

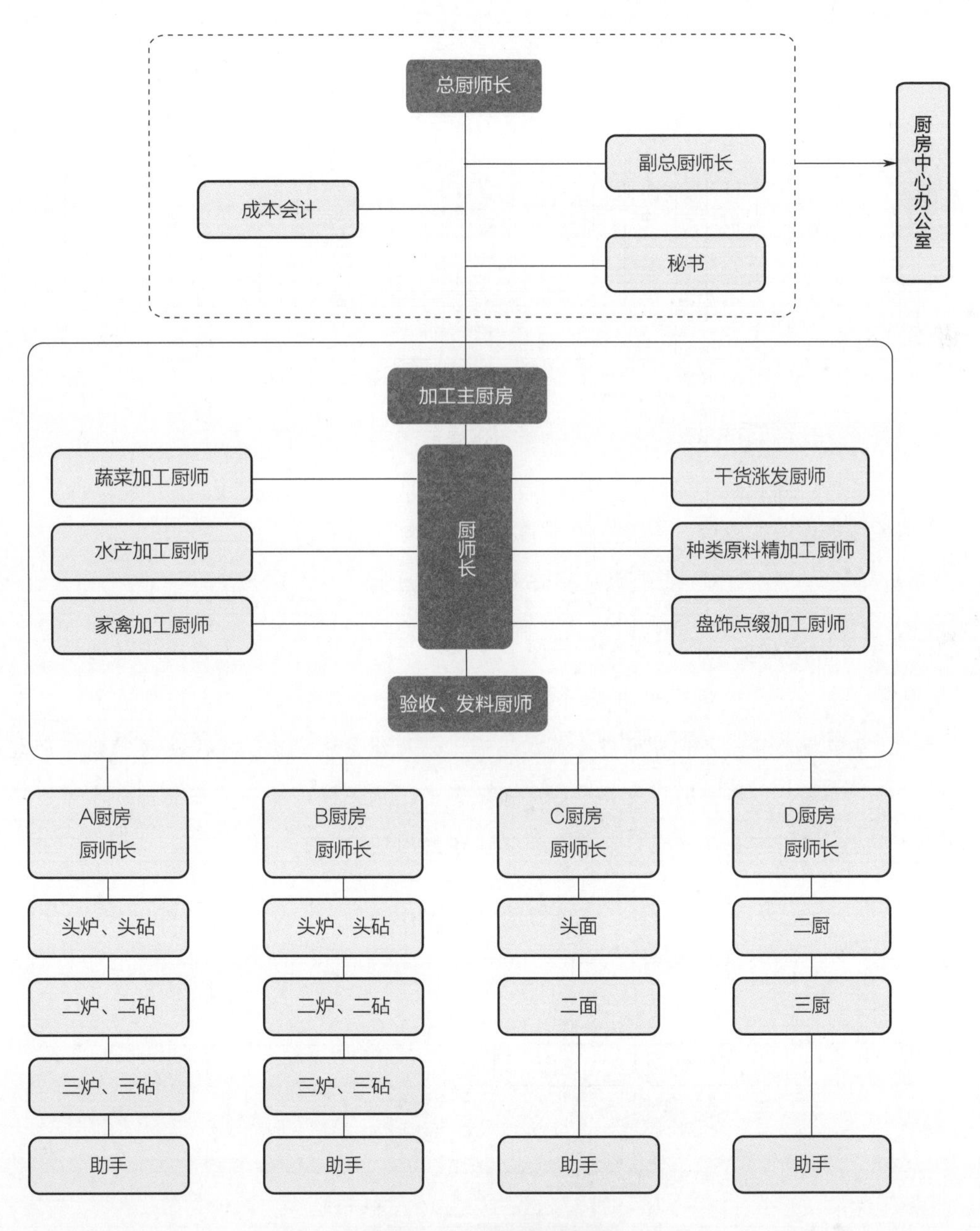

图 8-1　大型厨房组织结构图

（2）中型厨房组织结构 中型厨房比大型厨房的规模、面积都要小一些，人数、经营项目也少一些。中型厨房通常设中餐厨房和西餐厨房两部分，两个厨房都兼有多种生产功能。中餐厨房一般设六个必需的作业区，与大型厨房的某一中餐厨房的组织结构相同。中型厨房组织结构见图8-2。

有的企业在咖啡厅中设一小厨房，称为咖啡厅厨房，中型厨房又称为综合性厨房。

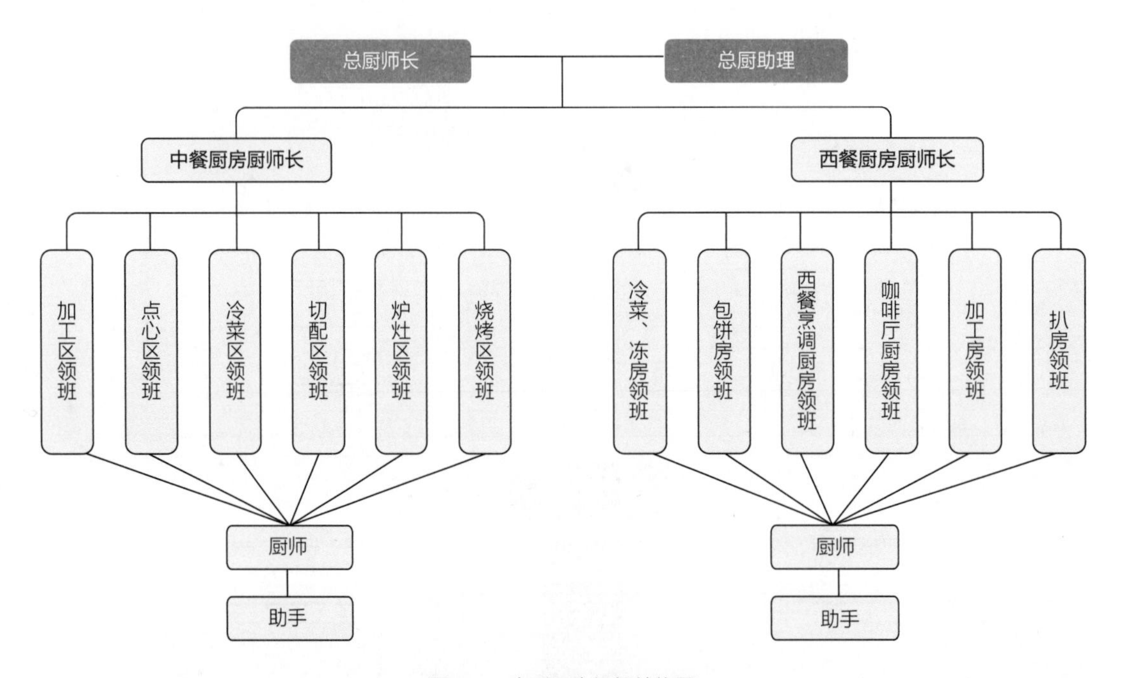

图8-2 中型厨房组织结构图

（3）小型厨房组织结构 小型厨房规模较小，通常只设1名厨师长，并根据岗位需要设若干领班。这类厨房的厨师长通常还兼管炉灶或切配等工作。具体岗位设置上，只有炉灶组、切配组和点心组。有些厨房将冷菜加工归入切配组负责。有些小型厨房需供应部分西餐，可设一个西餐组，均由厨师长领导。一般不设专门的采购部和仓库保管部。小型厨房只配1~2名采购员、1~2名仓库保管员。小型厨房组织结构见图8-3。

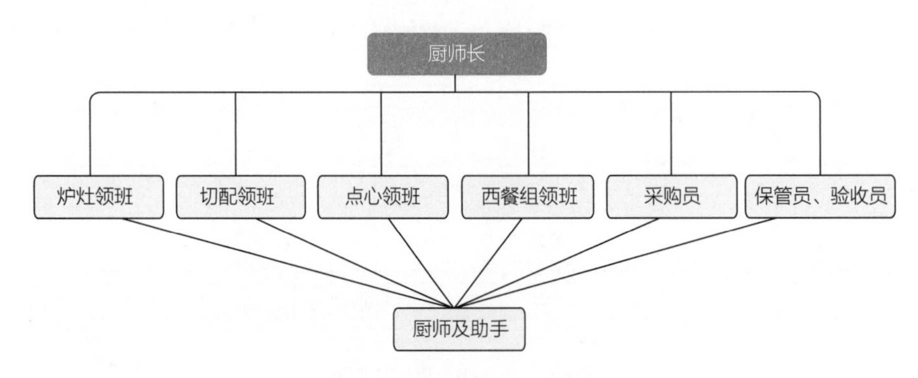

图8-3 小型厨房组织结构图

8.3 菜肴质量管理

8.3.1 菜肴质量的概念及评定方法

1. 菜肴质量概念

所谓的菜肴质量，主要指菜肴本身的质量，从传统意义来说，一般包括色、香、味、形、器、质感等，如果结合现代科学对菜肴质量内容的整合，则还应包括温度感、营养卫生、安全程度等。

2. 菜肴质量感官评定及外围质量要求

感官质量评定法是餐饮经营实践中最基本、最实用、最简便有效地对菜肴质量的评价方法。即利用人的感觉器官对菜肴鉴赏和品尝，评定其各项指标质量的方法。也就是用眼、耳、鼻、舌（齿）、手等感官，通过看、嗅、尝、嚼、咬、听等方法，检查菜肴外观色、形、质、温等，从而确定其质量的一种评定方法。

（1）嗅觉评定　嗅觉评定即综合运用嗅觉器官评定菜肴的气味。

（2）视觉评定　视觉评定即根据经验，用肉眼对菜肴的外部特征，如色彩、光泽、形态、造型，菜肴与盛器的配合、装盘的艺术性等，进行检查、鉴赏，以评定其质量优劣。

（3）味觉评定　味觉评定即利用舌头表面味蕾接触食物受到刺激时产生的反应，辨别甜、咸、酸、苦等滋味。味觉评定对于检查菜肴的味是否恰当，是否符合风味要求具有重要的作用。

（4）听觉评定　听觉评定即运用听觉评定菜肴质量，尤其适用于锅巴及铁板类菜。听觉评定菜肴质量，既可发现其温度是否符合要求，质地是否已处理得膨发酥松（主要指锅巴类菜），同时还可以考核服务是否全面得体。

（5）触觉评定　触觉评定即通过舌、牙齿及手对菜肴直接或间接地咬、咀嚼、按、摸、敲等，检查菜肴的组织结构、质地、温度等，从而评定菜肴质量。如通过对口腔皮肤接触产生火热的程度（饭店中一般用1~5个红辣椒表示），对辣味进行评价。

要把握菜肴的质量，以上五种方法经常同时并用，对菜肴质量进行鉴赏评定。

菜肴外围质量要求主要体现在两个方面：一是要求餐厅能够提供顾客品尝美味菜肴的最佳环境。追求舒适惬意、美观雅致，是顾客进餐时对环境的基本需求。二是以合理的价格，配以完善的服务，顾客往往会以价格来衡量菜肴质量是否真实。

8.3.2 菜肴质量控制方法

厨房产品质量受多种因素影响，厨房生产管理正是要确保各类产品质量的可靠和稳定，采取各种措施和有效的控制方法，保证厨房产品品质符合要求。

1．阶段流程控制法

厨房生产运转，从原料进货到菜肴销售，可分为原材料采购储存、菜肴生产加工和菜肴消费三个阶段。加强对每一个阶段的质量控制，可保证菜肴生产全过程的质量。

（1）原材料采购储存阶段控制　这一阶段应着重控制原料的采购规格、数量、价格及验收和储存管理。

1）严格按照采购规格书采购各类原料。确保购进原料能最大限度地发挥作用，使加工生产变得方便快捷。没有制订采购规格标准的一般原料，也应以保证菜肴质量、按菜肴的制作要求及方便生产为前提，选购规格分量适当、质量上乘的原料，不得乱购残次品。

2）细致验收，保证进货质量。验收的目的是把不合格原料杜绝在厨房之外，保证厨房生产质量。验收各类原料，要严格依据采购规格标准，对没有规定规格标准的原料或新上市的品种，对其质量把握不清楚的，要请专业人员认真检查，不得擅自决断，以保证验收质量。验收过程中，质量把控主要由厨师长负责。

3）加强储存原料管理。防止原料因保管不当而降低其质量标准。严格区分原料性质，进行分类储存。加强对储存原料的保质期检查，杜绝使用过期原料。同时，应加强对储存再制原料的管理，如泡菜、泡辣椒等。如果这类原料需求量大，必须派专人负责。厨房已领用的原料，也要加强检查，确保其质量可靠和安全卫生。

（2）菜肴生产加工阶段控制　这一阶段主要是控制申领原料的数量和质量，包括菜肴加工、配份和烹调的质量。

1）菜肴加工是菜肴生产的第一个环节，同时又是原料申领和接收使用的重要环节。因此，要严格按计划领料，并检查各类原料的质量，确认可靠才能加工生产。对各类原料的加工和切割，一定要根据烹调的需要，制订原料加工规格标准，保证加工质量。餐饮企业应根据自己的经营品种，细化各种原料的加工成型规格标准，建立原料加工成型规格标准书。

原料经过加工切割后，一些动物性原料还需要浆制，这是一种对菜肴优化的工艺，对菜肴的质地和色泽等方面有较大影响。因此，应当对各类浆、糊的调制建立标准，避免因人而异、盲目操作。

2）配份是决定菜肴原料组成及分量的关键。配份前要准备一定数量的配菜小料、即料头。对大量使用的菜肴的主料、配料的控制，则要求配份人员严格按配份标准，称量取用各类原料，以保证菜肴风味。随着菜肴的翻新和菜肴成本的变化，要及时调整用量，修订配份标准，并督导执行。

3）烹调是菜肴从原料到成品的环节，决定着菜肴的色泽、风味和质地等，“鼎中之变，精妙微纤”说的就是烹调阶段对菜肴的质量控制，尤为重要和难以掌握。有效的做法是，在开餐经营前，将经常使用的主要味型的调味汁，批量集中兑制，以便开餐烹调时各炉头随时取用，减少因人而异出现的偏差，保证出品口味质量的一致性。各厨房应根据自己的经营情况，确定常用的主要味汁，并在标准上予以定量化。

（3）菜肴消费阶段控制　菜肴由厨房烹制完成后交由餐厅出品，这里有两个环节容易出差错，须加以控制：一是备餐服务；二是餐厅上菜服务。

1）备餐要为菜肴配齐相应的作料、食用器具及用品。加热后调味的菜（如炸、蒸、白灼等菜），大多需要配料（味碟）。有的味碟是一道菜品配1~2个味碟，这种味碟一般由厨房配制，从卫生角度考虑，有的味碟按人头配制，这种味碟配制较简单，多在备餐时配制，如上刺身时要配制芥末味碟等。另外，有些菜肴食用时还须借助一些器具较为方便、雅观，如吃蟹配夹蟹的钳子、小勺，吃田螺配牙签等，因此，备餐也应建立规定和标准，督导服务，方便顾客。

2）服务员上菜服务。上菜时动作要及时规范，并主动报菜名。对食用方法独特的菜，应对顾客作适当介绍或提示。

综上所述，阶段控制法强调在加工生产各阶段应建立规范的生产标准，以控制其生产行为和操作过程。对生产结果、目标的控制，还有赖于各个阶段和环节的全方位检查。因此，建立严格的检查制度，是厨房生产阶段控制的有效保证。

生产阶段的产品质量检查，重点是根据生产过程，抓好生产制作检查、成菜出品检查和服务销售检查三个方面。

①生产制作检查指菜肴加工生产过程中下一道工序的员工，必须对上一道工序产品的质量进行检查，如发现产品不合标准，应予返工，以免影响最终成品质量。

②成菜出品检查指菜肴送出厨房前，必须经过质检人员的检查验收。成菜出品检查是对厨房生产烹制质量的把关验收，因此，必须严格认真，不可马虎迁就。

③服务销售检查指除上述两方面检查外，餐厅服务员也应参与厨房产品质量检查。服务员平时直接与顾客打交道，了解顾客对菜的色泽、装盘及外观等方面的要求。因此，从销售角度检查菜肴质量往往更具实用性。

2. 岗位职责控制法

利用岗位分工，强化岗位职能，并施以检查督促，对厨房产品的质量也有较好的控制效果。

（1）所有工作均应有所落实

1）厨房生产要达到一定标准要求，各项工作必须分工落实，这是岗位职责控制的前提。厨房所有工作应明确划分，合理安排，毫无遗漏地分配至各加工生产岗位，这样才

能保证厨房生产过程顺畅，加工生产各环节的质量才有人负责，检查和改进工作也才有可能开展。

2）厨房各岗位应强调分工协作，强化各司其职、各尽其能的意识。员工在各自岗位上应保质保量及时完成各项任务，保障对菜肴质量的控制。

（2）岗位责任应有主次　厨房所有工作要有相应的岗位分担，但是，厨房各岗位承担的工作责任并不均衡一致。应将一些价格昂贵、原料高档，或针对高规格、重要顾客菜肴的制作，以及技术难度较大的工作列入头炉、头砧等重要岗位职责内容，在充分发挥厨师技术潜能的同时，进一步明确责任，对厨房菜肴口味，以及对生产层面上构成较大影响的工作，也应规定由各工种的重要岗位完成，如配兑调味汁、调制点心馅料、涨发高档干货原料等。

另外，从事一般厨房生产，对出品质量不直接构成影响或影响不大的岗位，并非没有责任，只不过比主要岗位承担的责任轻一些而已。其实，厨房生产是个有机相连的系统工程，任何一个岗位、环节的不协调，都有可能妨碍出品质量和效率。因此，这些岗位的员工同样要认真对待自己的工作，主动接受厨房管理人员和主要岗位厨师的督导，积极配合、协助他们完成厨房生产的各项任务。

3．重点控制法

重点控制法是针对厨房生产和出品的某个时期、某些阶段或环节，或针对重点客情、重要任务及重大餐饮活动而进行的更加详细、全面、专门的督导管理，以及时提高和保证某一方面、某一活动的生产与出品质量的一种方法。

（1）重点岗位及环节控制　管理人员通过对厨房生产及菜肴质量的检查和考核，可找出影响或妨碍生产秩序和菜肴质量的环节或岗位，并以此为重点，加强控制，提高工作效率和出品质量。如针对炉灶烹调出菜速度慢，菜肴口味不稳定的问题，通过检查发现，炉灶厨师手脚不利索，重复操作多，对经营菜肴的口味把握不住，不能按制作标准一贯执行，厨房管理者就必须要加强对炉灶烹调岗位的指导、培训和出品质量的把关检查，以提高烹调速度，防止和杜绝不合格菜肴出品。针对重点岗位的控制，可以采用因果图分析法进行分析（又称鱼骨图，见图8-4）。又如，一段时间以来，不少顾客反映，同一菜品的量时多时少，经检查后发现，配份人员未能严格执行已制订的菜肴配份标准，仅凭经验、感觉配制，这时，则需要加强对配菜的控制，保证菜肴数量均衡一致。

可见，作为控制对象的重点岗位和环节是不固定的。某段时期几个薄弱环节通过加强控制管理，问题解决了，而其他环节的新问题又可能出现。因此，厨房管理者应及时调整工作重点，对从业人员进行系统控制督导。

重点控制的关键是寻找和确定厨房生产控制的重点，前提是对厨房生产运转进行全面的检查和考核。对厨房生产和菜肴质量的检查，可采取厨房管理者自查的方式，也可凭借顾客意见征求表或直接向就餐顾客征询意见等方法。另外，还可聘请有关行家、专家来检查，通

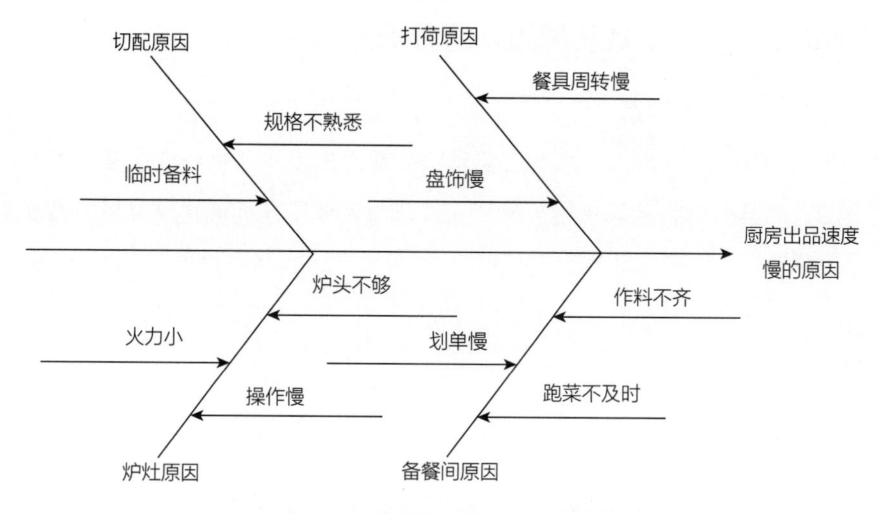

图 8-4 厨房出品速度慢的原因分析（因果图分析法）

过分析，找出影响菜肴质量问题的主要原因所在，并加以重点控制，改进工作从而提高菜肴质量。

（2）重点客情和重要任务控制 从餐饮企业的经营目标考虑，要区别对待一般厨房生产任务和重点客情、重要生产任务，加强对后者的控制，可以对厨房社会效益和经济效益发挥较大作用。

重点客情或重要任务，指顾客身份特殊或消费标准不一般，因此，从菜单制订开始就要有针对性，从原料的选用到菜肴出品的全过程，都要重点注意安全、卫生和质量问题。厨房管理者要加强每个岗位环节的生产督导和质量检查控制，尽可能安排技术好、心理素质好的厨师来制作，对每一道菜，除尽可能做到设计构思新颖独特之外，还要安排专人跟踪负责，切不可与其他菜肴交叉混放，以确保制作和出品万无一失。在顾客用餐后，还应主动征询意见，积累资料，以方便今后的工作。

（3）重大活动控制 重大餐饮活动，不仅影响范围广，而且为餐饮企业创造的利润也高，同时，消耗的烹饪原材料成本也高。加强对重大活动菜肴生产制作的组织和控制，不仅可以有效地节约成本开支，为企业创造应有的经济效益，而且通过成功地组办大规模的餐饮活动，还可向社会宣传餐饮企业的厨房实力，进而通过就餐顾客的口碑，扩大企业的影响。

厨房对重大活动的控制，首先应从菜单制订着手，充分考虑各种因素，开列一份或若干具有一定特色风味的菜单。接着要精心准备各类原料，合理使用各种原料，适当调整安排厨房人手，计划使用时间和厨房设备，妥善及时地提供各类出品。厨房生产管理人员、主要技术骨干均应亲临第一线，从事主要岗位的烹饪制作，严格把好各阶段产品质量关。有重大活动时，前后台配合十分重要，走菜与停菜要随时沟通，有效掌握出品节奏。厨房内应由总厨负责指挥，统一调度，确保出品次序。重大活动期间，更应加强厨房内的安全、卫生控制检查，防止意外事故发生。

技能训练2 影响菜肴质量因素的分析方法

（1）厨房生产的人为因素 厨房菜肴生产过程，都是靠厨师来完成，厨师技术水平直接决定了菜肴质量的高低。同时，厨师的主观情绪波动对产品质量也会产生直接影响。关于员工情绪的分析，和有针对性地解决，同样可以借助于因果图分析法，即由员工的行为结果推出是哪些原因导致这一结果的发生，见图8-5。厨房管理者要在生产一线施以现场督导，多与员工沟通，正确使用激励措施，充分调动员工积极性，要采用科学高效的管理手段，提高和稳定菜肴质量。

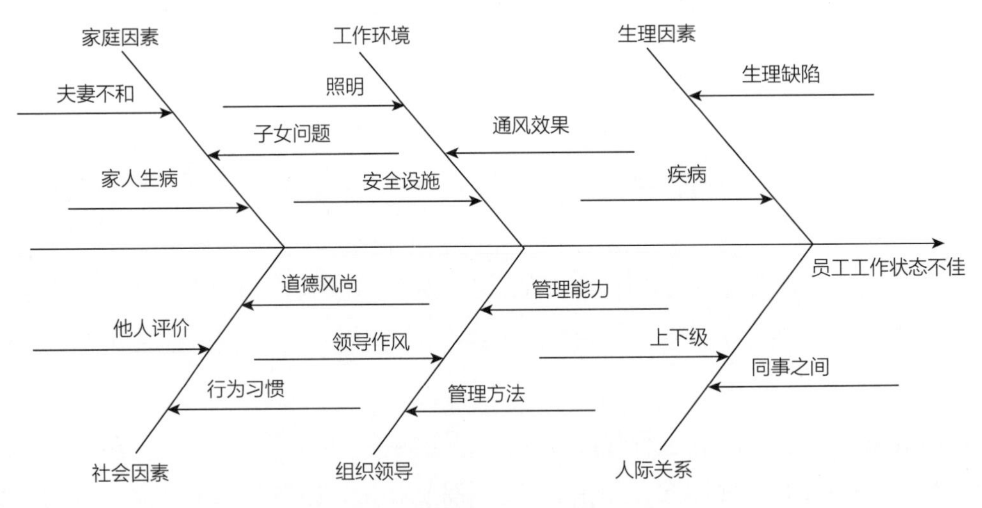

图8-5 影响工作情绪的因素（因果图分析法）

（2）生产过程的客观自然因素 厨房产品的质量，常受到原料自身、调味品、厨房环境、设施、设备、工具等客观因素的影响。

1）原材料及调料的影响。品质优良的原料是烹制精美菜肴的首要物质基础。清代袁枚在《随园食单》中说："凡物各有先天，如人各有资禀，人性下愚，虽孔、孟教之，无益也；物性不良，虽易牙烹之，亦无味也。"原料固有品质较好，只要烹饪得当，产品质量就相对较好。原料先天不足，或是过老过硬，或是过小过碎，即使有厨师的精心改良，精细烹制，其产品质量要合乎标准、尽如人意，仍很困难。同样，调味品的质量及运用，也是同样的道理。因此，菜肴质量控制首先要抓好各种原材料的质量控制。

2）厨房生产环境的影响。厨房生产环境对餐饮产品的生产也有很大的影响，厨房环境的好坏对员工的工作情绪影响很大。如厨房的温度过高，会加快消耗厨房工作人员的体能，导致疲劳无力，进而影响到产品质量。同时，由于厨房温度很高，烹饪原料极易腐败变质，如果缺乏良好的储存设施和管理，就会导致产品质量下降。对投资者来讲，建立良好的工作环境，是保证厨房生产质量的重要保证。

3）设施、设备和工具的影响。无论生产哪一种菜，都需要有一定的厨房设施、设备和工具，比如炒炉、蒸炉、炸炉、烤炉、冰箱、冰柜等。厨房生产离不开必需的生产设施和设备。而这些设施、设备的质量也直接影响厨房的生产质量。因此，为提高产品的质量，做到良好的持续性生产，投资者不能为节省资金，贪图便宜去买伪劣产品，否则，最终会因小失大，害了自己。

4）服务销售的附加因素。餐厅服务销售从某种意义上讲，是厨房生产的延伸和继续，有些菜肴是在餐厅完成烹饪的。如各种火锅、火焰菜及烧烤类菜等。服务员的服务技艺、处事应变能力，直接或间接影响着菜肴的质量。所以加强菜肴生产和服务即厨房与餐厅的沟通与配合，确保出品通畅及时，对保证和提高菜肴质量发挥着重要作用。

技能训练3　菜肴质量评价及控制方法

菜肴质量评价包括内在质量标准和外观质量标准两个方面，前者即味道、质感、营养成分等，后者包括色彩、形状、切配、装盘、装饰等要素。顾客对菜肴质量的评判，是在调动以往的经历和经验，结合该质量指标应有内涵的同时，经过感官鉴定而得出。

菜肴质量控制要制订完善的控制程序，主要有以下几方面。

1）对主副原料和调料的采购严格把关，不符合标准的不验收，不入库，不进厨房。

2）做好原料的科学保管，强化库房管理，仓库要防潮、防霉、防虫、防蛀、防异味，过期、变质食品原料一定不能用。

3）原料粗加工要合理、细致，做到去异味、去杂质，保证粗加工质量。

4）用料规格合理，丁、片、条、丝、块、蓉切配标准、规范、分量足，主副原料配比合理，实行“一菜一表”制度，严格执行标准菜谱的要求。

5）炉灶操作、冷盘制作和点心制作要熟练、合乎规范，确保出品质量符合标准。

6）出菜前划菜、围边厨师要严格把关，不符合质量要求不出厨房。

7）厨师长在开餐过程中，要不断巡视厨房各岗位，把握工作状态、工作进度和工作标准，要善于发现问题，及时解决问题，牢牢把住厨房质量管理这一关。

8）餐厅传菜前质检人员、跑菜员要仔细核对，发现不符合质量标准的情况不上菜，严格执行质量管理体系。

复习思考题

1. 简述厨房布局的概念及影响因素。
2. 简述影响厨房面积和内部环境的因素。
3. 厨房作业区的工作岗位有几种布局？
4. 厨房位置选择的原则是什么？
5. 简述厨房组织结构设置的原则。
6. 简述厨房内各组织的职能。
7. 简述厨房人员数量的配备方法。
8. 简述厨房菜肴质量的概念及评定方法。
9. 简述厨房菜肴质量控制方法。

项目 9

培训指导

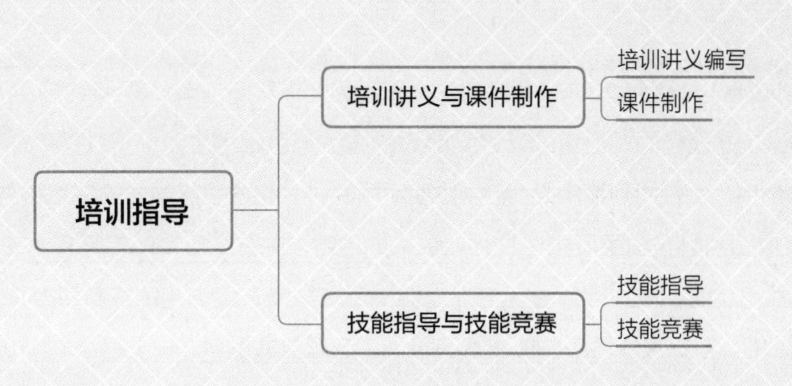

9.1 培训讲义与课件制作

培训讲义编写是落实培训目标、做好培训的核心，教学指导思想和教学目标通过讲义编写贯彻落实。培训讲义编写与课件制作是将社会最新科技知识记载传承下来，保障培训顺利进行、提高培训质量的重要措施。

9.1.1 培训讲义编写

1．培训讲义编写的基本原则

（1）针对性与实用性原则 讲义编写要针对培训目标。讲义中所提到的理论观点、技术观点及解决问题的方法，必须与现实相结合，且能解决现实问题，或提出指导解决问题的方案和意见，决不能故弄玄虚，搞“花架子”，未经实践检验、未被证实的内容不得编入教案。

（2）系统性与科学性原则 培训讲义编写总体思路要以培训项目为依据，与组织整体需求吻合，据此确定培训内容。讲义内容取舍要从组织全局目标需要出发通盘考虑。讲义框架设计、拟用教学模式也要围绕组织整体，以达到最佳效果。讲义内容必须是经过实践检验的，经得住推敲，符合科技规律，要坚持实事求是、求真务实的做法，所述内容必须符合科学。

（3）创新性与新颖性原则 编写讲义一定要坚持开拓创新，观点内容要反映时代特点，讲述理论应是现代的、全新的。讲义编写的方法与思路也应是创造性的，不拘泥于旧模式，不局限于传统做法，所用形式一定要体现新颖性，以充分引起学员的兴趣和共鸣。

（4）反映最新科技成果原则 凡列入讲义的内容，除正在应用的传统技术外，要特别注意吸纳新技术和技能，做到核心内容与当代科技保持同步。但选定的最新科技成果一定要是通过实践验证的，对探索性前沿科技内容的培训，选题要慎重，表述要客观，防止误导。

2．培训讲义编写的一般流程

（1）分析培训目标 分析培训目标是培训讲义编写的重要步骤，是讲义编写的调查、研究阶段。培训讲义是在培训目标的基础上确定的学员必须掌握的工作知识和技能。培训目标对所有学习者来说，就是学习者通过学习过程要达到的学习要求。

（2）确定编写目标 根据培训目标的分析，确定讲义编写的内容，以达到充分提高学员整体素质的目的。

（3）设计讲义编写　本流程的具体步骤包括五个方面，即根据培训目标写下讲义主题；撰写讲义提纲；完成讲义具体内容；选择讲义内容授课的方式；修改、调整讲义内容。

（4）培训实施　完成讲义编写任务后，根据目标要求，在设计课程的基础上，将讲义内容实施于培训。培训实施一般包括：准备培训讲义、安排课程内容、明确教学模式、组织课程执行者、选择课程策略、时间分配等环节。

9.1.2　课件制作

制作课件的软件很多，最常用的是PPT。PPT是美国微软公司演示软件Power point的缩写，也是目前使用最普遍的一种电脑演示制作软件。PPT课件在培训教学中能得到大力推广和运用，主要是因为PPT课件比文字教案信息量大；能更好地突出教学重点和突破教学难点；能激发学员的学习兴趣；能与学员有更好的交互性。

1．制作 PPT 课件一般程序

（1）软件程序　制作PPT文件，一般包括创建演示文稿、内容输入、添加图形和图像、添加声音、美化课件（如设置版式、配色方案和背景、设置自定义动画等）、课件保存与打包。

（2）充足素材　优秀的PPT课件，除要有优秀的脚本和合理的结构设计外，还必须有充足的课件素材。PPT课件素材一般包括脚本文字、声音素材、图像素材、视频素材等，常见的是脚本文字、图像和视频。

2．PPT 课件的制作要求

PPT的制作主要包含这些元素：界面、颜色、文字、图表、声音、动态效果和备注页。

（1）界面　界面的设计要求具有美感，比例恰当，图文分布均匀，整体简洁连贯。界面一般分为标题区、图文区两部分。标题要求简洁明了，是整页的主旨思想内容；图文区的内容是对标题的说明和讲解，要求紧扣标题。图文安排要疏密有致、赏心悦目。

（2）颜色　课件的颜色主要有红、蓝、黄、白、青、绿、紫、黑8种颜色。背景色宜用低亮度或冷色调的颜色，而文字宜选用高亮度或暖色调的颜色，以形成强烈的对比。

（3）文字　课件中文字不要太多，不要把所有内容都搬到演示文稿中。把授课的提纲输入，再添加一些辅助说明的文字就足够了。标题和关键文字的字号应该大些，重点语句应采用粗体、斜体、下划线或色彩鲜艳的字体，以示区别。

（4）图表　在PPT中出现的图表分为两种，一种是作为图形、图案来点缀界面的，另一种是用来辅助说明文字内容的，如工艺流程图等。

（5）声音　在PPT课件中，根据需要也可加上背景声音，如切换幻灯片、提示学员注意时，声音可以起到渲染气氛、提请注意的作用。

（6）动态效果　可以在PPT中给每一张幻灯片设置切换效果和停留时间，甚至每一行文字都可以用不同的出现效果，如飞入、飞出、闪过等。

（7）备注页　PPT只是培训内容的表现形式，究竟该怎么讲，讲些什么，还需要培训者按照逻辑顺序牢记在脑中。这个时候不妨在备注页中记上一些关键步骤和提醒内容，备注内容只有演示者能看到。

技能训练 1　编写讲义

培训讲义的内容一般包括课程名称、课程大纲具体内容等。下面以培训课程《烹调工艺》为例具体说明。

课程名称：《烹调工艺》

（1）课程目的和任务　本课程属技术专业课程。它是集烹调基础理论、专业知识、工艺技术于一体的应用性课程。学员通过本课程的学习，能了解原料的选择与加工、组配、调味、制熟工艺等知识；掌握中式烹调的基本理论、基本技能及主要烹调方法的基本原理和方法，达到了解中式烹调概况，独立制作一般常规菜肴的教学目的。

（2）课程基本要求　教师在讲授课程时，要采用多媒体教学的方式，增强教学的直观性。使学员掌握烹调原料的分类、品质鉴定和加工知识；掌握各类原料组配的基本理论和技能；掌握调味工艺的基本规律；切实熟悉中式烹调制熟工艺的各种方法。

（3）教学内容　以组配工艺中的“菜肴造型与盛装工艺”的章节为例。

第三章　菜肴造型与盛装工艺

（1）知识目标

1）了解菜肴造型的原理和形式。

2）熟悉菜肴造型的艺术规律。

3）掌握菜肴盛装点缀的基本原则和方法技巧。

（2）能力目标

1）能设计造型优美的冷菜和热菜。

2）能对常见菜肴进行点缀和装饰。

3）培养和提高对菜肴的鉴赏能力和审美创造力。

（3）教学内容

1）菜肴造型的基本原理。

2）菜肴造型的艺术形式。

3）菜肴造型的基本工艺。

4）菜肴的盛装工艺。

5）菜肴的装饰工艺。

技能训练 2　制作课件

以清炖蟹粉狮子头制作课件为例。

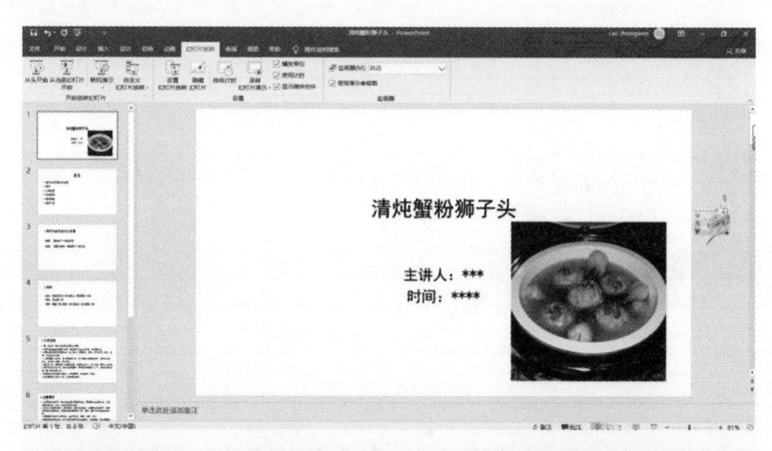

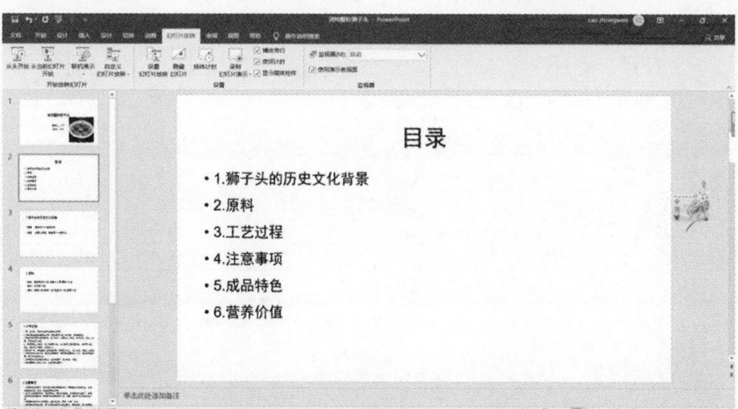

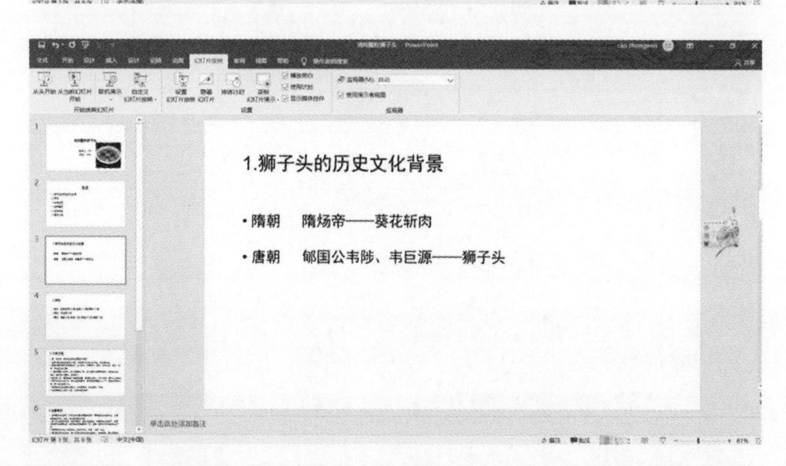

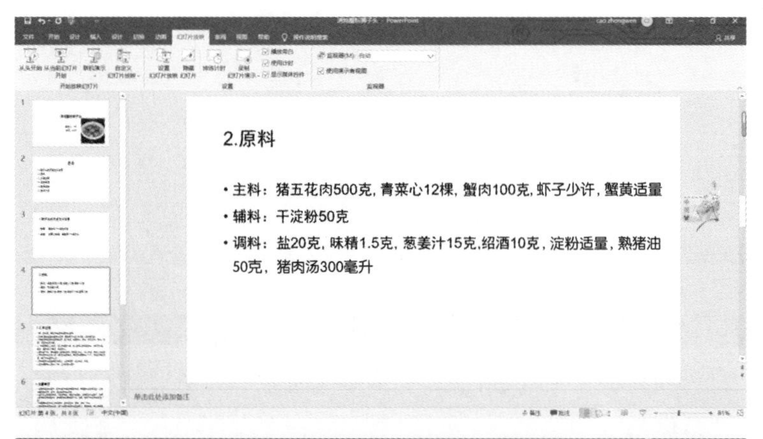
2.原料
• 主料：猪五花肉500克，青菜心12棵，蟹肉100克，虾子少许，蟹黄适量
• 辅料：干淀粉50克
• 调料：盐20克，味精1.5克，葱姜汁15克，绍酒10克，淀粉适量，熟猪油50克，猪肉汤300毫升
单击此处添加备注

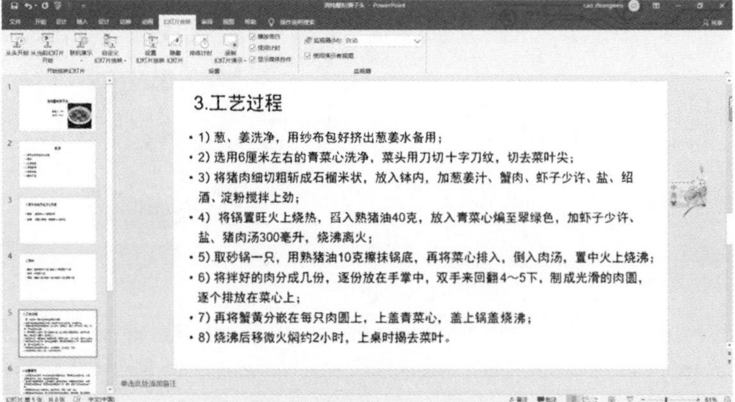
3.工艺过程
• 1）葱、姜洗净，用纱布包好挤出葱姜水备用；
• 2）选用6厘米左右的青菜心洗净，菜头用刀切十字刀纹，切去菜叶尖；
• 3）将猪肉细切粗斩成石榴米状，放入钵内，加葱姜汁、蟹肉、虾子少许、盐、绍酒、淀粉搅拌上劲；
• 4）将锅置旺火上烧热，舀入熟猪油40克，放入青菜心煸至翠绿色，加虾子少许、盐、猪肉汤300毫升，烧沸离火；
• 5）取砂锅一只，用熟猪油10克擦抹锅底，再将菜心排入，倒入肉汤，置中火上烧沸；
• 6）将拌好的肉分成几份，逐份放在手掌中，双手来回翻4～5下，制成光滑的肉圆，逐个排放在菜心上；
• 7）再将蟹黄分嵌在每只肉圆上，上盖青菜心，盖上锅盖烧沸；
• 8）烧沸后移微火焖约2小时，上桌时揭去菜叶。
单击此处添加备注

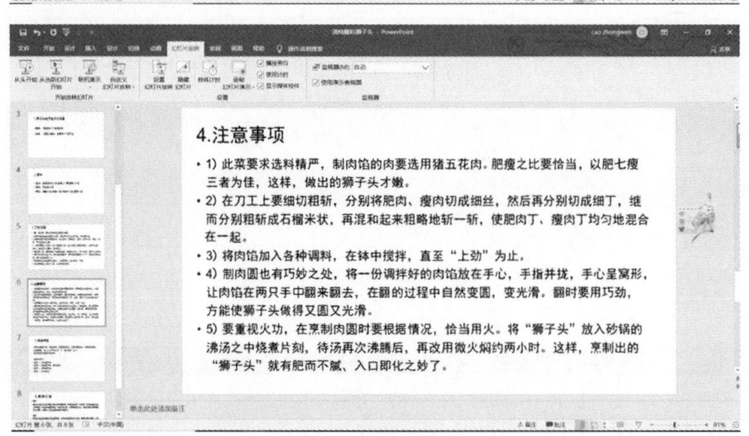
4.注意事项
• 1）此菜要求选料精严，制肉馅的肉要选用猪五花肉。肥瘦之比要恰当，以肥七瘦三者为佳，这样，做出的狮子头才嫩。
• 2）在刀工上要细切粗斩，分别将肥肉、瘦肉切成细丝，然后再分别切成细丁，继而分别粗斩成石榴米状，再混和起来粗略地斩一斩，使肥肉丁、瘦肉丁均匀地混合在一起。
• 3）将肉馅加入各种调料，在钵中搅拌，直至“上劲”为止。
• 4）制肉圆也有巧妙之处，将一份调拌好的肉馅放在手心，手指并拢，手心呈窝形，让肉馅在两只手中翻来翻去，在翻的过程中自然变圆，变光滑。翻时要用巧劲，方能使狮子头做得又圆又光滑。
• 5）要重视火功，在烹制肉圆时要根据情况，恰当用火。将“狮子头”放入砂锅的沸汤之中烧煮片刻，待汤再次沸腾后，再改用微火焖约两小时。这样，烹制出的“狮子头”就有肥而不腻、入口即化之妙了。
单击此处添加备注

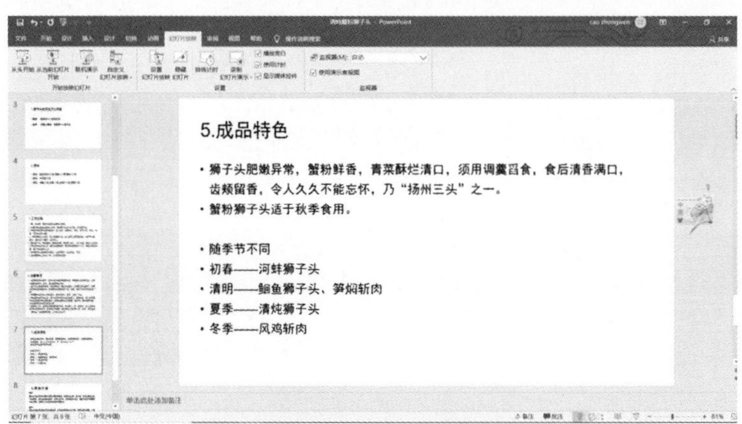
5.成品特色
• 狮子头肥嫩异常，蟹粉鲜香，青菜酥烂清口，须用调羹舀食，食后清香满口，齿颊留香，令人久久不能忘怀，乃“扬州三头”之一。
• 蟹粉狮子头适于秋季食用。
• 随季节不同
• 初春——河蚌狮子头
• 清明——鮰鱼狮子头、笋焖斩肉
• 夏季——清炖狮子头
• 冬季——风鸡斩肉
单击此处添加备注

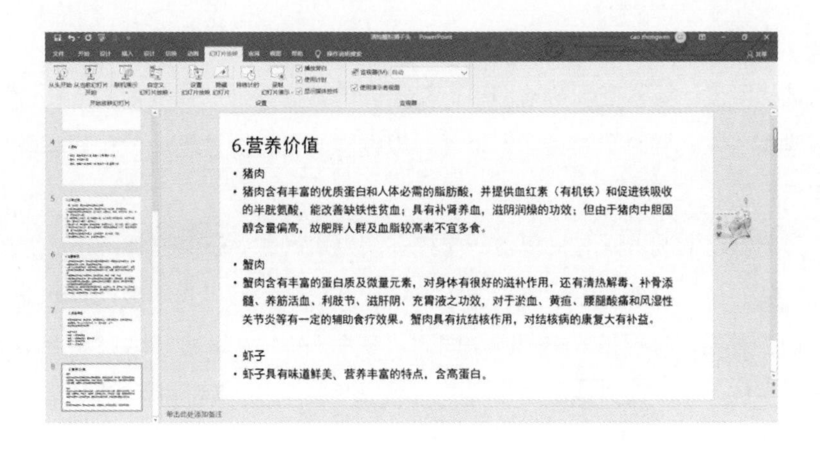

9.2 技能指导与技能竞赛

9.2.1 技能指导

1. 案例指导法

案例指导法是指在培训活动中，结合具体的培训目标和培训内容，通过分析典型的实际案例，使学员既掌握理论知识，又能运用理论知识解决实际问题的培训方法。

（1）概念　案例指导法就是从某一特定的角度，对某一情境进行描述，在这个情境中，包含一个或多个疑难问题，同时也可能包含解决这些问题的方法。案例不同于一般的例子，一个好的案例应当具有多样性、完整性、典型性、具体性的特点。

案例应该只有情况，没有结果，有激烈的矛盾冲突，没有处理办法和结论。后面未完成的部分，应该由学员去决策、去处理，而且不同的办法会产生不同的结果，即多样性的处理办法对应多样性的结果。

案例类似于记叙文，具备从开始到结束的完整情节，具备时间、地点、事物等基本要素。

案例的类型具有一定的代表性和普遍性，具有举一反三、触类旁通的效果，而不是实践中根本不会发生的案例，且典型的案例往往涉及的关系比较全面，涵盖的法律知识比较多，有助于学员从各个方面对所学理论加以验证，从中得到正确结论。案例的叙述要具体、细致，不能抽象、概括。

（2）特点　案例指导法具有实践性、针对性、启发性等特点。

案例指导法中所用的案例，或是烹调实践中已经发生或正在发生的事实，或是教师根据现实生活精心设计出来的事件。无论是前者还是后者，学员都会面对活生生的错综复杂

的实际问题。

案例的选择和设计要紧密围绕培训目标和培训内容。教师从众多相同或相近的实例中，研究选定教学案例，必要时可对其加工处理，以便学员有针对性地认识和理解基础知识，分析与解决实际问题。

案例本身既叙述情况，同时又包含一个或多个疑难问题，在某些情况下，案例中也会隐含着解决问题的方法。这些疑难问题和隐含的解决方法，会使学员积极地开动脑筋，运用已学的专业知识去发现、分析和解决问题。同时，在案例指导中，要求教师运用某些方法、技巧，围绕案例中的问题，适时地启发学员去思考、解决问题。案例指导法非常适合于开发分析、综合及评估能力等高级技能。

（3）主要注意事项　运用案例指导法时，常常涉及到开场、第一个发言者、沉默与冷场、离题和交锋等问题。

教师的话语对讨论气氛的基调和引导学员发言有着重要的作用。除了针对案例提出讨论要求外，教师的语言要具有启发性、鼓励性，简短而明确，又不失亲切感。

在讨论发言时，勇于发言者总是少数，而喜欢第一个发言的更少。他们的发言往往会打破僵局，将气氛调动起来，但不能因此形成定势，每次讨论发言的总是那几个人，教师可事先选定一两名学员准备好发言，特别是平时不善发言的学员，让他们第一个发言，更能带动其他学员。

讨论时，不免会出现沉默和冷场的局面。教师要意识到有时沉默和冷场是学生正在积极地思考，这时教师应耐心等待，必要时再指定学员发言。

学员发言、讨论离题的现象是难免的，教师应用委婉的语气将学员引向正题。讨论的高峰是学员的交锋，一般情况下，交锋是学员思维最积极的时候，这时教师应少露面，少讲话，少对学员发言做出评价，但对有独创性的发言应及时给予肯定和表扬。

2. 项目指导法

（1）概念　项目指导法是通过“项目”的形式进行教学，所设置的“项目”包含多门课程的知识，学员通过项目的进行，了解并把握整个过程及每一个环节的基本要求。

以中餐制汤模块（毛汤、高汤、顶汤）为例，可以通过一定的项目（如原汤、一吊汤、双吊汤、三吊汤等）学习，让学员掌握高汤制作的工艺流程。从原料的选择开始，学习和掌握原汤的制备、顶汤的制作等工艺操作，以符合岗位的需求。

（2）特点　项目指导法最显著的特点是“以项目为主线、教师为引导、学员为主体”，改变了以往教师讲、学员听的被动模式，创造了学员主动参与、自主写作、探索创新的新型指导模式。

对学员，通过转变学习方式，在主动积极的学习环境中，激发其好奇心和创造力，培养分析和解决实际问题的能力。对教师，通过对学员的指导，转变培训观念和教学方式，从单纯的知识传递者变为学员学习的促进者、组织者和指导者。

项目指导法通常可在一个短时期、较有限的空间范围内进行，并且指导效果可评测性好。项目指导法由学员与教师共同参与，学员的活动由教师全程指导，有利于学员集中精力练习技能。

（3）主要注意事项　项目指导法在实施时，首先要有目的地选择合适的项目，所选项目应涵盖学科教学内容；其次是项目的完整性，从设计、实施到完成必须有一个完整的成品出来，使学员完成项目后有一种成就感。项目选择要以培训内容为依据，既要与培训知识紧密结合，又要有一定的想象空间，让学员既能运用学过的知识，又可以发挥创造。项目要有一定的难度，促使学员学习和运用新的知识、技能，解决行业实际问题。

项目的实施以学员为中心，要调动学员参与项目的积极性，一般采用分组的方法，分组时让学员自由组合，教师再根据实际情况进行调整，一般每组3~5人，最好不要超过8人，使每组积极的和不积极的学员合理搭配，培养学员团队合作精神。

3. 研究性指导法

（1）概念　研究性指导法指在教师的指导下，学员从实践中选择并确定研究专题，用类似科学研究的方法如阅读、观察、实验、思考、讨论等途径去独立研究，主动地获取知识、应用知识、解决问题的指导方法。教师在培训时，不是将知识一字不漏地传递给学员，而是将相关的材料提供给学员，使他们明确培训要完成的具体任务，引导他们提出解决问题的各种假设，并加以验证，独立思考问题和解决问题，从而积极主动地获取知识。

（2）特点　研究性指导的本质是让学员在“再次发现”和“重新组合”知识的过程中进行学习。从它的定义和本质来看，研究性教学模式的基本内涵是：教师是学员学习活动的组织者、指导者和促进者，学员是学习的主体，是知识的主动构建者，研究性学习既可以是教师组织培训的指导方式，也可以是学员自主学习的学习方式。研究性指导常常以启发式问题为先导，培训学员发现问题、分析问题、解决问题的研究学习能力；着力于培养学员的创造能力和应用实践能力。

（3）主要注意事项　选择一个合适的专题是研究性指导的首要条件。设计烹调专题时要遵循这三个原则：加深和拓宽培训内容；突出烹调特色；注重与实践需求呼应。

教师根据烹调课程的特点，规划培训内容，将其划分为不同的教学环节，在每个教学环节之后都设计了与之相应的讨论专题，并对该环节进行总结。培训活动围绕“讲解—讨论”展开，基本概念和基本知识由教师讲解，学生完成专题的准备和讨论及实践，教师在整个过程中起引导作用，最后对实践操作过程中的重点和难点进行总结与拓展。

9.2.2 技能竞赛

1. 中式烹调竞赛规程的基本原则

不论是何种级别的烹调竞赛，在制订规程时，都要遵循公平公正、信息公开、普惠性、服务性、先进性、安全性的原则，构建合理的烹调竞赛规程，确保烹调竞赛的有序开展。

（1）公平公正　公平公正是任何一种竞赛都必须遵循的基本原则。

为体现竞赛的公平公正，大赛技术工作委员会要组织专家制订统一的竞赛标准，并经审核认定后，在竞赛之前予以公布，以保证参赛选手在同一规定条件下公平竞赛。主要体现在承办单位或机构所涉及的工作人员要公平公正，提供的场地及烹调器具与设备要公平公正，竞赛试题的命题要公平公正，竞赛结果的评分标准要公平公正，竞赛的裁判人员要公平公正，竞赛结果的评判评分程序要公平公正。

（2）信息公开　烹调技能竞赛的整个过程是否公平公正，如果没有足够的信息，公众及参赛者是无法获知的。如果公众及参赛者不能及时获知相关信息，那么，评委的评判就没有监督机制。没有监督的行为很难保证公平公正。由于行为主体存在人性弱点、行为能力差异及对烹调技能的认知差异，制度规范和约束的功能就应该指向并侧重于消解人性弱点、增强行为能力和克服认知方面的差异。在这种情况下，及时公开比赛进程中的相关信息，把所有人的行为置于公众的监督之下是非常有必要的。

一是可以公开的信息都应当公开，比如竞赛方案、竞赛规程、命题原则等。二是可以公开的信息应当及时公开。信息公开得不及时，容易造成信息不对称，可能导致一定程度上的不公平。三是应当公开的信息应当尽早公开。尽早公开相关信息，有利于发挥烹调技能竞赛的导向功能，促进烹调行业水平的提高。

（3）普惠性　普惠性原则是指在烹调技能竞赛规则制订过程中，注重竞赛规程能够激励绝大多数符合条件的选手参与比赛的功能。烹调技能竞赛成绩作为烹调水平评价标准的基础，就必须吸引所有烹调工作者参加各种级别、各种层次的技能竞赛，进而推动行业水平的提高。否则，烹调竞赛成绩无法评价那些没有参赛的烹调工作人员，就不可能成为评价行业水平质量的标准，不可能引导烹调师提高烹调水平。

此外，参与技能竞赛的人数越多，引起社会的关注度越高，越能反映行业水平，就越具有代表性。同时，餐饮行业与社会、经济的各个方面联系得十分紧密，烹调水平的发展需要社会各界的共同关注、共同参与、共同支持。烹调技能竞赛制度构建的普惠性包括两个方面。

一是社会参与面广，体现在不仅参与单位多，地域分布广（当然与烹调竞赛级别相关），二是参与竞赛的人数多，涉及参与各项目人数与选手兼报项目的人数。

一方面，参与技能竞赛的选手范围广，技能竞赛的规模大，自然能够提升技能竞赛成绩的含金量；另一方面，技能竞赛的规模大，也提高了技能竞赛的整体规格和水平，提高了技能竞赛的影响力。

（4）服务性　烹调技能竞赛规程，首先要为餐饮行业水平的发展与烹调从业人员技能的提高提供服务。技能竞赛作为提高烹调从业人员的重要抓手，随着技能竞赛工作的广泛开展，对于促进烹调事业又好又快地发展起到了助推器的作用。

技能竞赛活动是为了宣传烹调培训成果、展示餐饮单位风采而举办的，它为选手提供展示自己职业技能的舞台，为餐饮单位提供宣传、展示自己形象的机会，为同行提供选拔员工的途径。这说明，服务性是技能竞赛规程构建的突出特点，也是举办技能竞赛必须坚持的原则。在构建职业培训技能规程时，我们必须加强技能竞赛管理者、举办者、评判人员的服务意识，把参赛选手、参赛单位、社会各界人士作为服务对象，使他们成为技能竞赛的多元化主体。

（5）先进性　先进性指一件事物与其他事物相区别的超前性、前瞻性和引导性，与其他事物相比，其内在品质具有高、强、优、胜的特征，在事物发展的进程中，能够起到表率引路的作用。技能竞赛规程构建的先进性原则，要求举办职业培训技能竞赛时，应树立先进性的理念，按照先进性的标准行动，科学、合理、规范地组织技能竞赛的各项工作，以更好地引领烹调行业的改革与发展，促进烹调培训水平的提升，推动烹调技能竞赛制度化的进程。

技能竞赛规程构建的先进性，要求在举办技能竞赛活动的各个环节中，应以先进性原则来指导技能竞赛工作。一是充分发挥行业、企业在技能竞赛中的作用，注重企业生产和发展的实际，自觉联合相关行业、企业举办技能竞赛，适应新兴产业对职业培训的需求。二是技能竞赛项目设置的先进理念。设置技能竞赛的比赛项目，应树立先进性理念，适度超前于当地经济社会的发展。当今社会烹调行业职业与岗位纷繁复杂，而且随着社会的发展不断变化，所以技能竞赛在设置比赛项目时应有一定的敏锐性和洞察力，对前景要有充分的预期。三是技能竞赛标准的先进内涵。技能竞赛命题是体现技能竞赛先进性的一个重要环节，应联系当前烹调行业发展的现状，提高命题的适用性。同时，技能竞赛命题与企业需求相结合，积极与企业岗位需求接轨，密切结合行业、企业的最新标准，充分体现先进性。四是技能竞赛设备的先进性。厨房设备选用是烹调技能竞赛先进性的重要体现。选择技能竞赛专用设备，应当选择能够代表当前行业、企业的新技术、新工艺的设备，注重新技术、新工艺、新方法的应用，并切实突出技能性，使技能竞赛具有较强的选优功能。

（6）安全性　安全问题是重中之重，一定要从思想上高度重视，严防发生安全事故，在参赛过程、饮食卫生及出行安全方面均需重视，以确保选手顺利参赛、安全参赛。

技能竞赛应当制订突发事件安全预案，派专人负责安全工作。技能竞赛的场地和设备都涉及安全问题，应全面考虑可能出现的各种情况，尽可能在竞赛前期排除安全隐患。一是场地的安排与布置，在场地安排上，首先应安排在交通便利的地方，然后考虑选手和工作人员出入竞赛场地的便利等。二是竞赛设备的布局与安装，安装设备时要考虑电源连接的安全，场地内设备的布局要合理，便于选手参加竞赛，也便于监考人员、考评人员的监考、测评等。三是设备本身的安全性。任何设备都不可能做到百分百的安全，特别是烹调加热等设备，一旦出现故障，就有可能出现意外事故。四是参赛选手在设备使用方面存在差异，这就可能导致个别参赛选手在使用设备时出现问题。五是参赛选手在设备的使用上，可能存在违规操作等问题，这就要求参赛选手在竞赛之前，认真熟悉竞赛场地和设备，认真听取技术人员对操作规程进行的重点讲解；在竞赛中遵章守纪，严格按照操作规程进行操作。一旦发现

有安全隐患或设备出现故障时，应立即报告工作人员。

2. 中式烹调技能规程的结构内容

竞赛规程的内容根据竞赛的性质、目的、项目特点来设定。大型的技能竞赛应先制订竞赛规程总则，再制订各单项的竞赛规程。总则主要确定举办技能竞赛的宗旨，提出总的规定和要求，以及各单项比赛的一些共性内容如举办单位、地点和时间，参赛单位，参加办法，参赛者资格等。各单项的竞赛规程，要根据总则的要求，设定具体内容，其内容不得与总则矛盾。竞赛规程一般由下列内容组成，在具体制订时可根据单项的不同情况取舍。

（1）竞赛名称　根据总任务确定比赛名称。名称要显示是什么性质的比赛，哪一年（或第几届）的比赛。此外，名称的确定与技能竞赛的级别有关。我国目前的职业技能大赛实行分级分类管理，具体分为国家级职业技能竞赛和省级职业技能竞赛两级。国家级又分为国家级一类竞赛和国家级二类竞赛。国家级一类竞赛指由人力资源和社会保障部牵头组织的、跨行业（系统）、跨地区的竞赛，这类竞赛可冠以“全国”“中国”等名称。国家级二类竞赛由国务院有关行业部门或行业（系统）组织牵头举办，这类竞赛可冠以“全国××行业（系统）××职业（工种）”等名称。简而言之，跨行业（系统）、跨地区的竞赛活动为国家级一类竞赛；单一行业（系统）的竞赛活动为国家级二类竞赛。除国家级竞赛外，其他竞赛活动不得冠以“全国”“中国”等名称，不享受国家有关奖励政策。竞赛主办单位开展技能竞赛要按隶属关系报主管部门审核后，持竞赛申请报告和活动组织方案等材料报同级人力资源和社会保障部门备案。竞赛主办单位开展境外竞赛活动，应先向同级人力资源和社会保障部门提出申请，经审核批准后，报人力资源和社会保障部备案。以国家队名义组团参加大型国际技能竞赛活动，由人力资源和社会保障部等有关部门统一组织。竞赛主办单位组织竞赛活动，要严格按照批准备案的竞赛方案进行，调整竞赛方案要重新履行有关手续。

（2）目的任务　根据举行本次竞赛活动总的要求，简要说明此次竞赛的目的。如为了进一步贯彻落实餐饮行业发展计划，增强中式烹调行业人员整体素质，提高中式烹饪水平；选拔组织某项代表队，准备参加高一级的比赛；总结交流经验，增进团结和友谊等。

（3）竞赛时间、地点和举办单位或承办单位　竞赛时间应写清预赛、决赛开始和结束的年、月、日；举行比赛的地点和举办竞赛的单位，包括主办单位、协办单位及承办单位。

（4）竞赛项目和组别　中式烹调竞赛项目设置一般包括热菜、冷菜、宴席设计等。单项比赛的规程要写明各组别的各个竞赛小项目。

（5）参加单位和各单位参加的人数　按有关规定的顺序写明参加比赛的各个单位名称；各单位参加人数和领队、教练及工作人员人数；每名参赛选手可参加的项目数；每项限报人数，以及参赛的其他有关规定。

（6）参赛选手资格　参赛选手资格指参赛选手的条件标准，包括年龄、健康状况、代表资格、水平等级、过往成绩、达标规定等。

（7）竞赛办法　竞赛办法由举办大赛的组委会制订，主要内容包括两个方面：一是确定比赛所采取的竞赛方法，如淘汰法、循环法、混合法及其他特殊方法；比赛是否分阶段进行，各阶段采取的竞赛方法是否相同，各阶段比赛的成绩如何计算和衔接。二是具体的编排原则和方法。三是确定名次及计分办法。四是对参赛选手（队）违反规定的处罚方法（如弃权等）。五是规定比赛使用的器材、设备、原料及比赛服装、号码等。

（8）补充说明　确定竞赛采用的规则和有特殊的补充及竞赛规则以外的规定或说明。

（9）录取名次与奖励　录取名次与奖励办法按照比赛通知执行。一是规定竞赛录取的名次，奖励优胜者的名次及办法，如对优胜者（队）分别给予奖杯、奖旗、奖状、奖章及奖金等。二是设置比赛道德风尚奖或文明比赛奖的奖励办法等。三是设置技术奖时，规定技术奖励的内容和评选方法等。

（10）报名办法　规定各单位参赛选手（队）报名的人数、时间和截止报名的日期，书面报名的格式和投寄的地点，并应注明以寄出或寄到的邮戳日期为准，以及违反报名规定的处理办法。

（11）抽签日期和地点　需要抽签进行定位和分组的竞赛项目，应在规程中规定抽签的日期、地点和办法。

（12）其他事项　在上述条款中未涉及的可能发生的情况，如有关未尽事宜的补充，如经费、交通、住宿条件等；注明规程解释权归属单位，一般应归属主办单位的有关部门；竞赛赞助商logo的使用要求及范围等。

技能训练3　芙蓉鱼片的制作——研究性指导法

指导芙蓉鱼片制作方法的过程见图9-1。

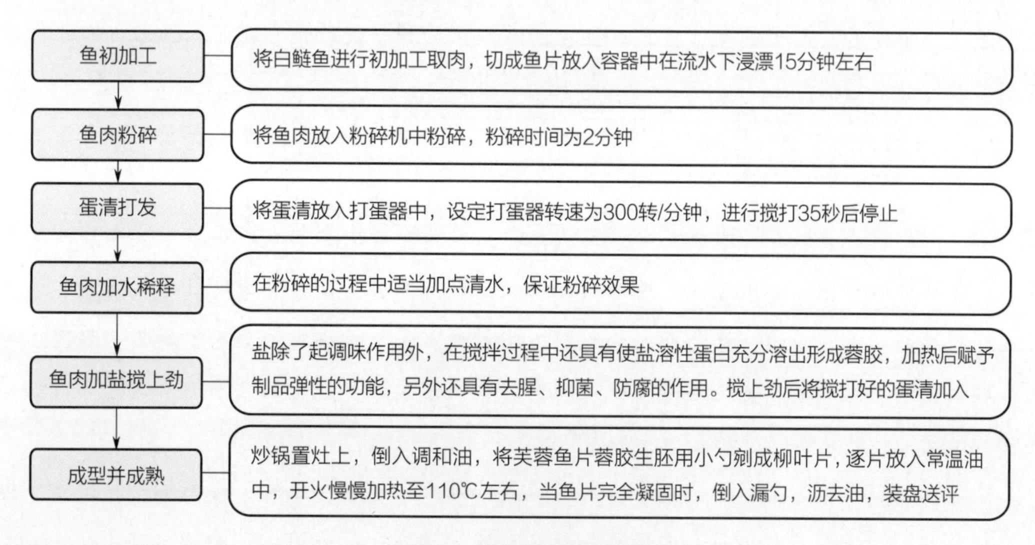

图9-1　芙蓉鱼片制作流程

（1）教学目标

1）理论知识。通过学员对理论知识的掌握和理解，了解芙蓉缔子菜肴的演变，懂得并掌握蓉胶制品的制作关键，并能做到举一反三。

2）知识应用。在实验操作中逐步规范学员的操作习惯，使学员养成良好的行为规范，并在此基础上进行菜肴的制作。

3）拓展。激发学员主动学习的热情，调动学员对于技能学习的热情和积极性。

（2）教学内容 首先让学员课前收集芙蓉鱼片的相关内容，再经过小组讨论，让学员根据所学知识分析“芙蓉鱼片”的制作理论。然后告知学员“芙蓉鱼片”的具体制作思路及方法，让学员自己制作并对作品进行比较，通过示范教学增强学员对本菜的理解、掌握本菜的制作关键，通过举一反三，使学员掌握相关的“芙蓉”缔子菜的制作技巧。最后要求学员根据实验过程撰写实验报告，使实验上升为理论。

（3）教学媒体、工具、设备 研究性指导的应用可以在教、学、做一体化的实训室，也可以在配有多媒体的教室进行。厨房要配备好常用炊具、器具、电子秤、粉碎机、温度计、打蛋器等。

（4）实施过程和步骤

1）芙蓉菜和缔子菜。学员描述自己知道的芙蓉菜和缔子菜。

①课前布置。课前通知学员收集相关芙蓉菜和缔子菜的资料，包括有哪些芙蓉菜制品？如何理解缔子菜？缔子菜和芙蓉类菜的差异有哪些？

②小组讨论和发言。每组学员先进行小组讨论3分钟，然后每组讨论的结果由一位学员概要地进行表述。要求每组学员发言不能重复，可以对前一组学员进行补充和评述。

③点评。教师对学员的发言进行点评小结，并说明缔子菜是烹饪行业对一大类菜肴的通称，就是习惯上称为缔子菜的蓉胶制品，从行业的称呼上看，缔子菜和芙蓉菜是一回事，但是从工艺的角度看，二者的差异性还是存在的。虽然同样是芙蓉菜，在不同的地方有不同的制作工艺。

2）深度认识芙蓉菜。针对不同区域芙蓉菜的工艺差别进行讨论，提高学员对芙蓉菜的理性认识。

①教师讲解。芙蓉菜的本质是缔子菜的一种，只是在蓉胶中加入了蛋清，成菜后质地细嫩、色泽洁白犹如出水芙蓉，因此将加入蛋清加工形成的具有洁白细嫩特征的菜肴通称为芙蓉缔子类菜品。其中蛋清一般作为主要配料，主料通常是质地细嫩的鱼肉、虾仁、鸡肉。不同区域芙蓉缔子菜的制作方法不是完全统一的。具体地说，可按大的菜系的形式划分，如川菜中的芙蓉菜、鲁菜中的芙蓉菜、淮扬菜中的芙蓉菜。

②提出问题。根据上述三个菜系中对芙蓉菜的加工工艺进行比较，得出结论。请学员思考这样的问题：芙蓉菜和缔子菜的区别是什么？四大菜系中芙蓉缔子菜的制作方法有什么不

同？比较而言哪一个更符合芙蓉菜的基本特征？

③教师点评小结。首先不同的菜系对芙蓉缔子菜的理解是不同的，这与各个菜系中对工艺技术的掌握和对菜肴文化的理解有密切的关系，因为芙蓉缔子菜首先是缔子菜，然后才是芙蓉菜，也就是说菜肴的主体首先要形成缔子（通常理解为细碎的颗粒），然后通过加入蛋清形成菜肴特征，那么其中的两个关键便是料形和蛋清的投入。所以说缔子菜的外延相对较大，而芙蓉缔子菜的外延相对较小。其次，具体到四大菜系中的芙蓉缔子菜而言，一般认为淮扬菜中的芙蓉菜更接近本质，原因在于一是淮扬菜追求精细，缔子比较细腻；二是蛋清的量相对来说比较多，色泽和质感能够得到保障；三是芙蓉缔子菜的成型多半是鹅毛大片或柳叶片，从形状来说更像荷花的花瓣。而其他菜系中，有的是雪花状芙蓉、有的是锅盔状芙蓉等，这些芙蓉虽然质感很接近成品品质特点，但从形状上来说还是稍有出入，和荷花的花瓣存在差异。最后，芙蓉菜首先是缔子菜，一般都需要将主料加工成细碎的颗粒状；所谓的芙蓉菜一定要有蛋清加入，而且蛋清的用量一般比较大；从菜肴的形状角度来看，将芙蓉菜加工成柳叶或鹅毛大片状更接近荷花的花瓣形状，更符合菜肴的形状要求。

3）芙蓉鱼片的制作。

①导热方法与鱼片形状的比较。经过第一环节和第二个环节的展开，学员对芙蓉缔子菜有了更进一步的了解。学员分别采用水锅、油锅的方法来加热芙蓉鱼片的生胚，同时将鱼片的形状加工成柳叶状、鹅毛大片、雪花状、锅盔状等不同的形状，经加热后评判菜肴的质量效果。

②蓉胶的比较。制作芙蓉鱼片的方法有：蛋清+鱼片；发蛋+鱼蓉；半发蛋+鱼蓉；全发蛋+鱼蓉，运用不同的方法，分组制作菜肴，对菜肴的品质进行评判。

③教师点评小结。通过芙蓉鱼片的制作，可以发现，在芙蓉鱼片的成型上，还是传统的柳叶片最佳。其中蛋清加鱼片形成的芙蓉鱼片本质上不符合对芙蓉缔子菜的定义，虽然在外形上也属于芙蓉菜的范畴。在成熟的过程中，油锅和水锅都可以使鱼片成熟，从外表光洁度看，油锅的效果明显好于水锅；但是从营养的角度看，使用油锅成熟后最好用热水浇在鱼片表面，去除多余的油脂。在加入发蛋时，蛋清的打发与否对成品的口感有明显影响。从品尝的角度看，全发蛋的口感相对比较粗老，而半发蛋的口感相对比较细腻滑嫩，不发蛋的口感介于二者之间。成熟时翻锅对鱼片的形状有影响，应尽量减少翻锅的次数。

4）教学效果与讨论。

①学员进行讨论、发言。加水量对菜肴质感有何影响？发蛋与否对菜肴品质有何影响？油脂对菜肴品质有何影响？鱼蓉中是否可以添加其他原料？油锅油温或水锅水温对成品的质感有何影响？关于规范化操作问题如准备阶段要注意原料数量的标准化；调制阶段要注意搅拌方法、顺序、调制数量；烹制阶段要注意预熟期间的油锅（水锅）焐制和正式烹调时的调料数量、时间、翻炒次数、翻锅力度等。关于卫生规范的问题如食品卫生、安全问题。

②教师点评小结。在鱼蓉调制过程中一定要有一定量的水加入来保证成品的口感，至于加水量的多少则根据主料的性质来确定。

油脂的使用包括两个方面，一是在蓉胶中加入油脂，目的在于增加成品的油润度；二是在成熟过程中以油脂作为传热介质。这两种使用都会影响到菜肴的营养价值，所以应当科学使用油脂，确保菜肴的营养。

鱼蓉中添加其他材料，可以有效改善菜肴的质感，前提是必须添加符合菜肴特征的原料，如添加少量虾仁以改善韧性，或者在虾蓉中添加鱼肉以增加嫩度。当然也可以添加诸如马蹄碎、笋末一类的原料以改善成品的质感。

适当的油温可以使鱼片光洁饱满、油亮滋润，而水锅则达不到这样的效果。

5）总结。通过对芙蓉鱼片的讨论和制作，需要再次明晰几个概念：芙蓉菜的基本特征；芙蓉菜与缔子菜的制作注意事项；芙蓉鱼片中“片”的成型方法；芙蓉鱼片的成熟过程。

6）教学内容拓展分析。

①影响鱼蓉“吃”水量的主要因素。鱼蓉中脂肪含量和温度及盐量是影响鱼蓉“吃”水量的主要因素。一是因为脂肪具有相当强的憎水性，会降低表面蛋白质大分子的活性，不利于蛋白质的溶出，从而影响鱼蓉的吃水量。但由于鱼肉是低脂食物，口感不佳，加入少量脂肪可以调节鱼缔子的滋润度，而且还可以改善鱼片的色泽，因此制作鱼缔时应加入少量肥膘。二是因为温度是鱼缔子胶体稳定的一个因素，将鱼蓉温度控制在2~8℃，最利于肌肉活性蛋白质的溶出。

②芙蓉鱼片成熟过程。首先，鱼片下锅时，油温应控制在30℃左右。若油温太高，会导致鱼蓉遇热后蛋白质迅速变性凝固，鱼蓉粘在勺上不易滑入油锅中；若油温太低，则会因蛋白质凝固过慢，致使成品相互粘连。其次，鱼片舀完后只能用小火慢慢加热，让油温慢慢升高，并且保持在70℃以内，若油温超过70℃，会使鱼片表面的水分迅速汽化，导致鱼片体积膨胀，而出锅后鱼片温度下降，表面就开始收缩变瘪，并且出现蜂窝眼，从而影响成品的外观。另外，在加热过程中还要轻轻晃锅，防止鱼片粘锅。

技能训练4 烹饪竞赛规程

以第六届全国烹饪技能竞赛的规程为例。

第六届全国烹饪技能竞赛规程

全国烹饪技能竞赛从1983年开始每五年举办一次，目前已举办五届。通过全国烹饪技能竞赛，交流了烹饪技艺，涌现出大批青年技能人才，对推动我国餐饮市场健康发展，提高餐饮业专业技术人员的技术水平，加强行业之间的技术交流，发挥了重大作用，已成为我国餐饮业最具权威性和影响力的一项重大赛事。中国烹饪协会联合中国商业联合会、中共中央直属机关事务管理局、中国人民解放军总后勤部军需物资油料部、中国就业培训技术指导中心、中国财贸轻纺烟草工会全国委员会、中华民族团结进步协会、中国旅游饭店业协会、中国就业促进会、中国个体劳动者协会、中国公共关系协会、中国旅游协会民航旅游专业委员会，共同在全国范围内举办第六届全国烹饪技能竞赛，竞赛时间自2008年5月至2009年4月。

根据历届比赛的经验和当前餐饮业发展的状况，以及赛事活动的要求，特制订本届竞赛规程。

一、指导思想

比赛坚持“继承、发扬、开拓、创新”的方针，在继承传统的基础上，突出创新，提高烹饪文化品位和烹饪技术科技含量；坚持“讲营养，讲口味，讲卫生”，在保障食品安全的同时，讲究营养美味，提倡绿色餐饮；坚持大众化为主，并满足不同层次的消费需要；坚持以市场为导向，赛场与市场紧密结合，讲求实用价值和节约原则；坚持在比赛过程中，全面综合地考察每位参赛选手。通过参赛的组织方法与评判工作的改进，达到激励餐饮业广大员工立足本职、钻研技术、增长才能、勇于创新的精神；促进餐饮企业上水平，创名牌，开拓市场，拉动需求，更好地为广大消费者服务，为发展餐饮事业和旅游事业服务，为国民经济和改革开放服务。

本届竞赛的总要求是：全面、真实、创新、实用、节约、美味、健康。

二、参赛对象

餐饮行业企事业单位、学校，具有中式烹调师、中式面点师、西式烹调师、西式面点师或餐厅服务员中级工（国家职业资格四级）职业资格以上从业人员、专业教师均可报名参加竞赛。

三、竞赛项目和内容

本届竞赛分两个阶段进行。第一阶段，分赛区以组队（4名选手为一个参赛队）的形式参赛。可根据参赛选手的申请，在计团队成绩的同时，分别按中餐热菜、面点、冷拼或食品雕刻，西餐烹调、西餐面点及餐厅服务项目计算个人成绩；第二阶段，以个人形式参赛。

1. 第一阶段竞赛项目

（1）中餐烹饪竞赛

1）热菜选手2名。每人制作2款不同主料、不同技法、不同口味的菜肴，时间为120分钟。

2）面点选手1名。制作2款不同主料、不同技法、不同口味的品种，时间为120分钟。

3）冷拼或食品雕刻选手1名。6种以上自制原料制作冷菜拼盘1个（1组）或食品雕刻1个，时间为120分钟。

以上作品除食品雕刻外，均需制作1份10人量送展台展示，另备尝碟供评委品尝。

（2）西餐烹饪竞赛 竞赛内容为西餐烹调、西餐面点。竞赛方案与评判办法另行发文。

（3）餐厅服务竞赛 餐厅服务选手1名。设计并摆放10人标准餐台，包括插花、餐具、酒水用具、口布、斟酒，时间为45分钟。筵席菜单内容设计，并备有文字说明（可配相关图

案）或声像资料，理论知识问答，时间为15分钟。

2. 第二阶段竞赛项目

1）设置中式烹调师、中式面点师、西式烹调师、西式面点师、餐厅服务员五个职业的个人赛。

2）各职业分别以《中式烹调师》《中式面点师》《西式烹调师》《西式面点师》《餐厅服务员》国家职业标准高级工（国家职业资格三级）及以上职业资格等级应知应会的内容为要求，分理论知识和实际操作两部分进行考核，其中理论成绩和实际操作成绩各自占总成绩的30%和70%。

3）参加第二阶段竞赛项目的200名成绩优异的选手，是在第一阶段各赛区实际参加比赛的选手中按比例、按排序产生的。

四、竞赛的时间和场次

1）第一阶段的竞赛，自文件下发之日起至2008年12月15日结束；第二阶段的竞赛在2009年4月开始。

2）为了确保比赛质量，各项目比赛每天安排4场，每场参赛选手16~20人。

五、组织工作

1）第一阶段的竞赛以省（地区）为赛区，由各地组委会动员选手参赛，负责办理报名和组织比赛。每项参赛报名费800元，团体赛每队参赛报名费3200元。团体赛选手如另计个人成绩者交报名费400元。

2）各赛区的中餐烹饪竞赛应组织不少于50个队参赛，餐厅服务竞赛应组织不少于20个人参赛。如组队（人数）数量确有困难的，由组委会协商解决。

3）军队、铁路、民航、专业院校、高速公路等系统的专业人员比赛，可由各系统按照第六届全国烹饪技能竞赛的办法自行组织，也可参加所属各省（地区）赛区的竞赛。

4）各省、自治区、直辖市在组织第一阶段竞赛，现场进行技术点评时，要以人为本，提高厨师职业道德，可同时组织职业道德讲座等活动，使参赛选手通过比赛，在厨艺和厨德两方面得到提高。还可以把比赛和当地举办的各种美食节庆活动相结合，推动地方餐饮经济的发展。

六、评判办法

1）为了更全面评价选手的技能水平，比赛采取现场操作评分和作品评分相结合，两项成绩相加，是选手的最后成绩。

2）为落实公平、公正、公开的评判原则，比赛评判采用裁判员与选手“面对面”和“背靠背”的方式进行评分，要在评判中增加对作品的点评。

3）第六届全国烹饪技能竞赛的裁判员由组委会在符合条件的国家级裁判员中选派。

4）展台以展示参赛选手现场操作的作品为主，展台不评分。应在展示区安排相应烹饪大师、名师或国家级裁判员在现场介绍，便于选手交流。

七、奖励办法

1）第一阶段的竞赛包括团队成绩和个人成绩。团队成绩分设金、银、铜奖杯，获奖比例为30%、40%、30%。参赛选手分别授予不同奖项的证书。个人成绩分设金、银、铜牌奖，获奖比例为20%、30%、20%。以上奖项的计算均以赛区为单位，并以第六届全国烹饪技能竞赛组委会的名义颁发。

2）第二阶段的竞赛，对获得各职业决赛前3名的选手，报请人力资源和社会保障部授予“全国技术能手”荣誉称号，并晋升技师职业资格，已具有技师职业资格的，晋升高级技师职业资格；对获得各职业第4~15名的选手晋升高级工职业资格，已有高级工职业资格的，晋升技师职业资格。

3）第六届全国烹饪技能竞赛组委会、中国烹饪协会将对第二阶段竞赛成绩优异选手授予“中国烹饪名师”或“中国烹饪大师”荣誉称号，吸收为中国烹饪协会名厨专业委员会委员或中国烹饪协会名厨专业委员会新星俱乐部会员，具体奖励细则由竞赛组委会另行下发。

附　件

第六届全国烹饪技能竞赛评判细则

一、评判方法

为了充分体现公平、公正、公开的原则，全面考核选手的综合能力，此次竞赛采用现场操作评判和作品评判相结合的方法。

1）现场操作评判，满分为100分。

2）参赛作品评判，满分为100分。

3）两项得分相加为选手该项目的最终成绩。

二、评判标准

1. 中餐烹饪现场操作评判标准

（1）热菜现场操作评判标准

1）切配加工过程：操作规范有序，刀工娴熟、刀法准确、原材料使用合理、废弃物处理妥当，没有浪费现象。

2）烹调制作过程：操作程序合理、勺功熟练利索、调味准确快捷、烹调方法运用正确。

3）原料存放安全卫生，炊具、餐具、用具、器皿干净卫生。

4）操作现场干净、整洁、有序，个人卫生符合要求，并能注意安全和节能减耗。

5）遵守赛场纪律和规定，按时独立完成作品制作。

（2）冷拼现场操作评判标准

1）刀法准确，刀工娴熟、精细，原材料使用合理，废弃物处理妥当，没有浪费现象。

2）操作规范有序、流程合理、切配拼摆快捷利索。

3）原料保存安全卫生，并有防止原料被再次污染的措施，炊具、餐具、用具、器皿清洁卫生。

4）操作现场整洁、干净有序，个人卫生符合要求，并能注意安全和节能降耗。

5）遵守赛场纪律和规定，按时独立完成作品制作。

（3）面点现场操作评判标准

1）操作规范有序，流程合理。原料使用合理，废弃物处理妥当，没有浪费现象。

2）操作技法娴熟，成型快捷利索，成熟方法正确。

3）原料保存安全卫生，炊具、餐具、用具、器皿清洁卫生。

4）操作现场干净、整洁、有序，个人卫生符合要求，并能注意安全和节能降耗。

5）遵守赛场纪律和规定，按时按量独立完成作品制作。

（4）食品雕刻现场操作评判标准

1）刀法准确、手法得当、干净利落，刀工娴熟、动作自如熟练。

2）取料合理，废弃物处理妥当，减少浪费。

3）操作现场干净、整洁，操作过程清洁卫生。

4）遵守赛场纪律和规定，按时按量独立完成作品制作。

2. 中餐烹饪参赛作品评判标准

（1）热菜作品评判标准

1）味感：口味纯正，主味突出，调味适当，无煳味、腥膻味、异味等。

2）质感：火候得当，质感鲜明，符合其应有的嫩、滑、爽、软、糯、烂、酥、松、脆等特点。

3）观感：主副料配比合理，刀工细腻，规格整齐，汁芡适度，色泽自然，装盘美观，餐具与菜肴协调。

4）营养卫生：生熟分开，营养配比合理，成品中不允许使用人工色素和不能食用的物品，讲究餐具和盘饰清洁卫生。

5）作品数量：符合规定的要求。

（2）冷拼作品评判标准

1）食用价值：选料适宜，荤素搭配合理，口味多样，口感鲜美纯正，质感良好，实用价值高。

2）造型：构思新颖，寓意高雅，形象生动美观，色彩自然、鲜明、协调，点缀装饰适度，拼摆装盘层次清晰、整齐，与造型协调。

3）刀工：刀工细腻，刀面光洁，规格整齐，厚薄均匀，有利于美化塑造冷拼形态。

4）营养卫生：冷拼中的食物要符合食品卫生要求，不含异物，营养配比合理，餐具清洁，盘饰卫生。

5）作品数量：符合规定的要求。

（3）面点作品评判标准

1）味感：口味鲜美纯正，调味适当，符合成品本身应具有的咸、甜、鲜、香等口味特点，无异味。

2）质感：选料精致，用料配比准确，火候得当，质感鲜明，符合成品本身应具有的软、糯、酥、松、脆等特点。

3）观感：形态优美自然，平滑光润，层次清晰，花纹细腻匀称，规格协调一致，馅与皮均衡适度，色调匀称、自然、美观，符合成品本身应具有的洁白、金黄、透明等色泽，装盘美观。

4）营养卫生：成品中不允许有异物，使用添加剂要适当，营养配比合理，讲究餐具和盘饰清洁卫生。

5）作品数量：符合规定的要求。

（4）食雕作品评判标准

1）主题：构思新颖，设计合理，主题突出，寓意深刻。

2）造型：形态美观，层次清晰，比例得当，结构合理。

3）刀工：刀工细腻，技法多样，繁简适当。

4）卫生：作品洁净无异味，器皿清洁。

3. 中餐厅服务技能竞赛评判标准

1）餐台设计：主题鲜明，设计新颖，富有创意，艺术感强，宴席菜单内容设计合理，设计方案要有文字说明（可配相关图案）或声像资料，设计方案与现场餐台一致。

2）摆台：操作规范，动作大方，程序无误，基本功扎实；餐台餐具、酒具等用品摆放协调整齐，洁净无损，实用方便；可使用桌布、桌围和椅套；斟酒有序，不滴不洒；餐巾造型新颖雅致，插花造型美观大方，富有艺术感，体现宴会主题和文化内涵。

3）仪容仪表：着装整洁，服饰得当，淡妆上岗，仪表端庄，行走与操作姿势大方，优美自然，气质高雅，讲究个人卫生和操作卫生。

4）服务知识问答：掌握餐饮业服务技能知识、酒水知识，能够识别工作中常用物品、商品、用品，熟悉中外饮食习俗，通晓服务工作用语，有准确的表达能力，讲普通话，语言规范。

服务知识问答内容以劳动保障部中国就业培训技术指导中心编写的“国家职业资格培训教程”《餐厅服务员（基础知识）》《餐厅服务员（初中高技能）》2本教材涉及内容为问答范围。

三、评判方法采用扣分制（此处略）

四、计分方法

1）现场操作评判小组（5~7人组成）在选手进入赛场后，由组长宣布比赛开始，并计时，评委根据选手表现独立打分，评分结束后评委签名，由组长把评分表收齐交计分员复核无误后，去掉一个最高分和一个最低分，计算出选手的平均分。

2）参赛作品评判小组（5~7人组成）接到赛场传递来的参赛作品及质量标准单后，由评委独立为作品打分并签名，将打分表交计分员复核，计分员对每位评委的打分表复核无误后，去掉一个最高分和一个最低分，计算出选手的平均分。

3）评委扣分起点为1分。计分员计算结果保留小数点后两位数。

五、西餐的评分细则和中餐评分细则相同

六、检录工作

为了保证参赛选手在公平的原则下竞赛，此次竞赛要严格检录程序。

1）此次竞赛除制汤、制蓉、制馅（不入味）外，不允许场外加工。

2）参赛选手所带原料及用品一律经检录后放入组委会提供的整理箱，个人箱包一律不准带入赛场。

3）检录组人员（4~5人组成）由中国烹协和当地协会共同指派符合条件的裁判员担任。

4）对于违规的原料，由检录组代为保管，影响参赛的责任自负。

七、赛场纪律和有关规定

1）参赛选手应按时到检录处凭参赛证接受检录，迟到每5分钟扣1分，迟到20分钟，视为弃赛。

2）参赛选手应服从现场指挥和调度，参赛证要佩戴在左胸前。

3）参赛选手应做到衣帽清洁，不留长指甲，不戴戒指，不用指甲油，保持良好的个人卫生。

4）参赛选手应独立完成操作，不允许使用他人原料，不允许多做、挑选，不允许因失误而重做。

5）如发现私带半成品，取消其参赛资格。

6）参赛选手操作完毕，经评判组长同意后，应迅速清理工作区，带好自己的工具撤离赛场。

八、本届竞赛第二阶段比赛的详细规则，将另行制订公布

复习思考题

1. 培训讲义编写的基本原则是什么？
2. 课件制作时，具体技巧有哪些？
3. 运用案例指导法时应注意哪些问题？
4. 运用项目指导法时的注意事项有哪些？
5. 运用研究性指导法时的注意事项有哪些？
6. 举办烹饪技能竞赛的主要原则是什么？

模拟试卷

中式烹调师（技师）理论知识试卷

注 意 事 项

1. 考试时间：90min。
2. 请按要求在试卷的标封处填写您的姓名、准考证号和所在单位的名称。
3. 请仔细阅读回答要求，在规定的位置填写答案。

	一	二	三	四	五	六	总 分
得 分							

一、名词解释（每题2分，共计12分）

1. 鱼唇

2. 宴会

3. 菜系

4. 厨房生产成本

5. 味觉的相乘现象

6. 菜单

二、单项选择题（每题1分，共计20分）

7. 鱼肚中品质最好的是（　　）。

A．黄鱼肚　　B．黄唇肚　　C．鳗鱼肚　　D．鮰鱼肚

8. 一般情况，特色肉类干制品的水分含量控制在（　　）。

A．5%~10%　　B．15%~20%　　C．25%~30%　　D．35%~40%

9. 鉴别干货原料品质优劣的常见方法为（　　）。

A．理化鉴定　　B．感官鉴定　　C．生物鉴定　　D．经验判断

10. 5 %的生碱水调制配比一般为每10千克冷水添加（　　）。

A．50克食碱　　B．500克石灰　　C．500克食碱　　D．50克石灰

11. 零点菜单按照就餐时间，可以分为早餐零点菜单和（　　）。

A．午餐零点菜单　　B．晚餐零点菜单

C．夜宵零点菜单　　D．正餐零点菜单

12. 零点菜单设计完成，一般需要经过形式上的检查复核，主要包括对菜肴的质价检查和（　　）。

A．数量检查　　B．品种检查　　C．质量检查　　D．价格检查

13. 零点菜单的品种类型应多样化，除酒水外，冷菜、热菜、汤菜、主食、点心的比例大约为（　　）。

A．2：5：1：1：1　　B．2：5：2：2：2

C．3：5：1：1：1　　D．2：4：1：1：1

14. 宴会菜单设计的过程分为菜单设计前的信息分析、菜单设计过程中的菜肴设计和（　　）三个阶段。

A．菜单设计后的市场调查　　B．菜单设计后的试用

C．菜单设计后的检查　　D．菜单设计后的正式投用

15. 金陵风味又称为京苏大菜，是指（　　）。

A．扬州菜　　B．淮安菜　　C．南京菜　　D．本帮菜

16. 位上菜肴根据菜肴的温度，划分为位上热菜和（　　）。

A．位上水果　　B．位上冷菜　　C．位上主食　　D．位上甜菜

17. 下列不属于冷盘装盘拼摆八法的是（　　）。

A．排　　B．贴　　C．铺　　D．扣

18. 有效防止人员滑倒，应急方法是在地面上撒些（　　）。

A．盐　　B．糖　　C．木屑　　D．黄沙

19. 厨房生产管理实际是对生产质量、产品成本、（　　）三个流程进行检查督导。

A．规章制度　　B．卫生打扫　　C．餐具管理　　D．制作规范

20. 优惠促销法属于（　　）。

A. 店内宣传促销　　B. 店内服务技巧促销

C. 店外促销推广　　D. 节日促销

21. 员工培训最难解决的是（　　）。

A. 知识　　B. 技能　　C. 态度　　D. 方法

22. 最基础的一种技能指导方法是（　　）。

A. 讲授指导法　　B. 模拟指导法　　C. 比较指导法　　D. 演示指导法

23. 高档宴会中冷盘、热炒和主菜最适合的搭配比例为（　　）。

A. 15：35：50　　B. 10：45：45　　C. 15：30：55　　D. 20：30：50

24. 属于以历史渊源分类的宴席是（　　）。

A. 迎送宴　　B. 孔府宴　　C. 全鸭宴　　D. 鱼肚宴

25. 中档宴会中冷盘、热炒和主菜最适合的搭配比例为（　　）。

A. 15：35：50　　B. 10：45：45　　C. 15：30：55　　D. 20：30：50

26. 为便于宴会中增人或餐具损坏时替补，一般来说，备用餐具不应低于需要数量的（　　）。

A. 10%　　B. 20%　　C. 30%　　D. 40%

三、填空题（每空0.5分，共计8分）

27. 鉴定烹饪原料品质优劣的常用方法有（　　）、（　　）、生物鉴定。

28. 按照羊肚菌子实体的颜色可分为黑脉羊肚菌、（　　）和（　　）。

29. 干货原料按原料的品种分为（　　）和（　　）两大类。

30. 零点菜单按照餐式可以分为（　　）和（　　）。

31. 宴会菜单设计的指导思想是（　　），整体协调，丰俭适度，（　　）。

32. 我国菜肴的构成十分丰富，按社会形式分有宫廷菜、（　　）、寺院菜、民间菜、（　　）等。

33. 依据刀刃与原料的接触角度，分为平刀法、（　　）法、（　　）法和其他刀法四大类型。

34. 宴席菜肴生产的5个阶段分别为制订生产计划阶段、（　　）、基本加工阶段、（　　）、菜肴成品输出阶段。

四、图表题（每题5分，共计10分）

35. 制作一份食品成本月报表。

36. 绘制讲授法的课堂培训效果评价表。

五、简答题（每题5分，共计30分）

37. 简述气膨化涨发的工艺原理。

38. 简述宴会菜单的作用。

39. 简述菜系形成的原因。

40. 简述餐盘装饰的原则。

41. 简述宴会菜肴的设计原则。

42. 简述宴会服务的组织实施步骤。

六、综合题（每题10分，共计20分）

43. 论述菜点创新在生产与管理上可以采取的措施。

44. 论述餐饮企业培训对象、培训时机和培训时间的选择。

中式烹调师（高级技师）理论知识试卷

注 意 事 项

1. 考试时间：90min。
2. 请按要求在试卷的标封处填写您的姓名、准考证号和所在单位的名称。
3. 请仔细阅读回答要求，在规定的位置填写答案。

	一	二	三	四	五	六	总 分
得 分							

一、名词解释（每题2分，共计12分）

1. 菜肴创新

2. 盘饰

3. 厨房计划

4. 非正式组织

5. 研究性指导法

6. 普惠性原则

二、单项选择题（每题1分，共计20分）

7. 创新过程包括两种类型，分别是技术性变化创新和（　　）。
   A. 必要性技术创新　　B. 非必要性技术创新
   C. 非必要性技术变化的创新　　D. 非技术性变化的组配创新
8. 菜肴创新第一是突出新，第二要突出（　　）。
   A. 型　　B. 色　　C. 用　　D. 味
9. 要想真正做到创新，必须做到了解烹饪发展的新动向、要不断收集烹饪新信息、（　　）。
   A. 要强化火候运用基本功　　B. 要强化烹饪基本功

C. 要强化刀工基本功　　D. 要强化调味基本功

10. 下列属于改变传统调味配比开发创新的菜肴是（　　）。

A. 沙咖鸡翅　　B. 酥皮鱼米盏　　C. 海星草鱼丝　　D. 酥皮明虾卷

11. 下列不属于主题展台布局类型的是（　　）。

A. 方形布局　　B. 圆形布局　　C. 异形布局　　D. 三角布局

12. 下列不属于主题展台设计应注意的问题的是（　　）。

A. 突出主题　　B. 突出技术

C. 大小适宜、高度适合　　D. 菜肴题材与展台主题吻合

13. 主题展台的布局类型有方形布局、圆形布局、条形布局、（　　）。

A. 椭圆形布局　　B. 三角形布局　　C. 异形布局　　D. 梯形布局

14. 岗位责任制属于（　　）。

A. 组织基本制度　　B. 组织管理制度

C. 组织的技术与业务规范　　D. 组织成员的个人行为规范

15. 保护自己免受生理和心理伤害是（　　）。

A. 生理需要　　B. 安全需要　　C. 归属需要　　D. 尊重需要

16. 统计分析、考核评价的事后控制属于（　　）。

A. 质量和数量控制　　B. 人员控制

C. 信息控制　　D. 资金控制

17. 厨房高度一般不应低于（　　）。

A. 2米　　B. 2.5米　　C. 3米　　D. 3.6米

18. 一个管理者适宜的人员管理幅度为（　　）。

A. 3~6人　　B. 10~12人　　C. 20~25人　　D. 30~40人

19. 对菜肴与盛器的配合、装盘的艺术性等进行检查、鉴赏属于（　　）。

A. 味觉评定　　B. 听觉评定　　C. 视觉评定　　D. 触觉评定

20. 培训讲义的一般流程中，首先是（　　）。

A. 分析培训目标　　B. 确定讲义编写目标

C. 确定讲义提纲　　D. 选择讲义讲授方式

21. PPT制作时，汉字的字体推荐使用（　　）。

A. 黑体　　B. 篆体　　C. 仿宋体　　D. 宋体

22. PPT每页字数尽量不要超过（　　）字。

A. 150　　B. 200　　C. 250　　D. 300

23. 案例指导法中，好的案例应具有多样性、完整性、典型性和（　　）。

A. 抽象性　　B. 概括性　　C. 具体性　　D. 动人性

24. 项目指导法中，一般每组人数最好不要超过（　　）人。

A. 2　　B. 4　　C. 6　　D. 8

25. 在烹饪竞赛中，可冠以“全国烹饪行业”名称的活动组织牵头单位为（　　）。

    A. 扬州大学　　B. 中国烹饪协会　　C. 江苏餐饮协会　　D. 教育部

26. 在制订烹饪竞赛的规程时，第一原则是（　　）。

    A. 服务性　　B. 信息公开　　C. 安全　　D. 先进性

三、填空题（每空0.5分，共计10分）

27. 菜肴创新的技术要素包括（　　）和（　　）两个因素。
28. 菜肴作为商品，其命名过程可以采用菜肴（　　）和菜肴（　　）并行的命名方法。
29. 只要合理的组合就是创新，通过中西组合、菜系组合、（　　）、（　　）等合理的工艺组合，改变地方传统特色也是创新。
30. 所谓沟通就是指（　　）人与人之间的（　　）。
31. 控制是对目前的工作进行监督和（　　），并纠正工作中所发生的（　　）。
32. 冷菜厨房设计注重（　　）和（　　）。
33. “权”是指人们在承担某一（　　）时，所拥有的相应的指挥权和（　　）。
34. 培训讲义编写总体思路要以（　　）为依据，与组织（　　）相吻合，据此确定培训内容。
35. PPT能更好地突出教学（　　）和突破教学（　　）。
36. 案例指导法中所用的案例，或是烹调实践中已经发生或正在发生的（　　），或是教师根据现实生活精心设计出来的（　　）。

四、图表题（每题4分，共计8分）

37. 制作大型厨房的组织结构图。
38. 制作项目指导法中教师的工作计划图。

五、简答题（每题5分，共计20分）

39. 简述菜肴创新的意义。
40. 简述创新菜肴的开发流程。
41. 简述厨房布局的类型。
42. 简述中式烹调技能规程中竞赛办法所涉及的内容。

六、综合题（每题10分，共计30分）

43. 论述主题展台的设计步骤。
44. 论述菜肴质量控制中阶段流程控制法。
45. 论述烹饪技能竞赛中热菜的现场评判标准。

参考答案

中式烹调师（技师）理论知识试卷参考答案

一、名词解释

1. 鱼唇：是用鳐鱼（0.5分）、魟鱼（0.5分）等软骨鱼的唇部加工而成的（1分）。
2. 宴会：是人们为了社交目的的需要（1分），根据事先制订的计划进行的群体性聚餐活动（1分）。
3. 菜系：是指在一定自然条件和社会历史条件下（1分），长期形成的自成体系的在国内外影响较大并得到公认的地方菜（1分）。
4. 厨房生产成本：是指厨房在生产制作产品时所占用和耗费的资金（2分）。
5. 味觉的相乘现象：指味觉感受器在两种或多种相同物质刺激的作用下，（1分）导致感觉水平超过预期的每种刺激各自效应的叠加，（1分）又称协同效应。
6. 菜单：是餐饮企业作为经营者和提供服务的一方向用餐者（1分）展示其生产经营的各类餐饮产品的书面形式的总称（1分）。

二、单项选择题

7. B　8. A　9. B　10. C　11. D　12. B　13. A　14. C　15. C　16. B
17. D　18. A　19. D　20. C　21. C　22. A　23. C　24. B　25. A　26. B

三、填空题

27. 感官鉴定、理化鉴定
28. 黄羊肚菌、尖顶羊肚菌
29. 动物干制品、植物干制品
30. 中式零点菜单、西式零点菜单
31. 组配合理、确保利润
32. 官府菜、市肆菜
33. 斜刀、直刀
34. 辅助加工阶段、烹调与装盘加工阶段

四、图表题

35. 制作一份食品成本月报表。

答：某餐饮企业食品成本月报表（元）

月初食品库存额 +本月进货额 -月末账面库存额	（1分）
+月末盘点存货差额 +本月领用食品成本 -转入酒吧等食品	（1分）
-下脚料销售收入 -招待用餐成本 -员工购买食品收入 -员工用餐成本	（1分）
月食品成本 月食品营业收入	（1分）
标准成本率	（0.5分）
实际成本率	（0.5分）

36. 绘制讲授法的课堂培训效果评价表。

答：每个标题1分，共5分。

学员组别	指导流程评价	讲授内容评价	课堂组织评价	学员兴趣评价

五、简答题

37. 简述气膨化涨发的工艺原理。

答：气膨化利用的是干货原料热膨胀原理，即通过高温加热使原料组织结构中的蛋白质变性，随着水分子的汽化膨胀成多孔蜂窝状（1分）。其原理主要与原料中水分子存在的形式有关，根据水的存在形式，生物体内的水可大致分为两种（1分）：一种是在细胞内外、生物体内可以自由流动的自由水；一种是结合水，是通过氢键与细胞中其他化合物结合在一起的组成成分，一般不易流失。氢键是一种特殊的分子间作用力，由水中的氢或氧原子与亲水基团中的氧或氢原子缔合而成，是结合水与原料中亲水基团相结合的主要作用力。自由水和结合水的区分并不绝对，干货原料在涨发过程中，温度上升到200℃以上时，氢键就被破坏，使结合水脱离组织结构，变成游离水，具有流动水的一般性质，在高温条件下快速汽化膨胀，此时胶原蛋白在高温下也已变性失去弹性，随着水分子的汽化膨胀而形成固定的气室，使原料充分膨胀，待大部分水分子汽化逸出，便完成了膨化这一过程。这就是气热膨胀的基本原理（3分）。

38. 简述宴会菜单的作用。

答：宴会菜单是沟通消费者与经营者之间的桥梁；是研究菜肴生产、改进菜单设计工作的重要资料；宴会菜单作为一种宣传品，有时还具有艺术观赏性（1分）。宴会菜单是宴会工作的提纲（1分）、是消费与服务的桥梁（1分）、影响宴会经营（1分）、是宴会营销的重要手段（1分）。

39. 简述菜系形成的原因。

答：在一定区域内，菜点烹制手法、原料使用范围、菜肴特色等方面会出现相近或相似的特征，因而自觉或不自觉地形成烹饪派别或区域差异（1分）；地域物产的制约，不同地域的气候、环境不同，出产的原料品种也有很大的差异（1分）；政治、经济与文化的影响，菜系的形成与政治、经济、文化的关系十分密切（1分）。菜系形成的主观因素，首先是地方烹饪大师的开发创新（1分）。地方风味形成与地方烹饪大师的开发、创新能力密切相关。其次是消费者的喜爱。菜系有区域性，消费者对菜点认可最集中的区域，也就是菜系划分的范围（1分）。

40. 简述餐盘装饰的原则。

答：符合卫生需要；装饰要结合盛器；与菜肴规格相符；口味要一致；要结合菜肴表达；色彩要协调丰富（全答对得5分，少一点扣1分）。

41. 简述宴会菜肴的设计原则。

答：1）满足顾客需求原则。 2）突出宴会主题原则。

3）因人因时配菜原则。 4）菜肴质量统一原则。

5）弘扬特色原则。 6）营养平衡原则。

7）合理搭配原则。 8）创新变化原则。

9）和谐美观原则。 10）条件相符原则。

（每点0.5分，答全给5分。）

42. 简述宴会服务的组织实施步骤。

答：1）统一宴会服务人员思想，熟悉宴会服务工作内容，熟悉宴会菜单内容（1分）。

2）落实人员分工，分解服务任务，明确工作职责和任务要求（1分）。

3）做好各种物品的准备工作（0.5分）。

4）根据设计要求布置宴会餐厅，摆放宴会台型（0.5分）。

5）做好餐桌摆台，以及工作台的餐具摆放和酒水摆放（0.5分）。

6）组织检查宴会开始前的各项服务准备工作（0.5分）。

7）加强宴会运转过程中的现场指挥和督导（0.5分）。

8）做好宴会结束后的各项工作（0.5分）。

六、综合题

43．论述菜点创新在生产与管理上可以采取的措施。

答：1）形成指标模式。所谓指标模式，就是厨房把菜肴创新的总任务分解成若干个小指标，分配给每个分厨房或班组，按厨房或班组再把指标分配给每个厨师，规定在一定时间内完成菜肴的创新任务。厨房菜肴创新的总任务则根据企业对菜肴更新的计划而定（3分）。

2）确立经济责任制模式。把菜肴的开发创新与厨房员工，尤其是厨房技术骨干的经济报酬联系在一起，按照经济报酬的高低，分配创新菜的任务。如果不能在规定的期限内完成菜肴创新任务，则要受到一定的经济处罚（如扣减奖金、工资或在下一个月份降低厨师的等级与工资标准等）（2分）。

3）运用激励模式。对于一些已进入良性发展的餐饮企业，鼓励员工进行菜肴创新的方法更为理性，而且对于厨师的创新菜肴，要视为一种科技成果和知识产权来对待，建立各式各样的激励方式，给予创新菜肴的厨师以额外的奖励与表彰（2分），一般有这几种：晋级升职激励（1分）；成果奖励激励（1分）；公派学习、旅游激励（1分）。

44．论述餐饮企业培训对象、培训时机和培训时间的选择。

答：培训对象：

1）新招聘员工（1分）。

2）可以改进目前工作的人（1分）。

3）组织要求他们掌握其他技能的人（1分）。

4）有潜力的人（1分）。

培训时机选择：

1）新员工加盟组织（1分）。

2）员工即将晋升或岗位轮换（1分）。

3）由于环境的改变，要求不断地培训老员工（1分）。

4）满足补救的需要（1分）。

培训时间：

1）一般新入职人员的培训（不管是操作员还是管理人员），可在实际从事工作前实施，培训时间可以是7~10天，甚至一个月（1分）。

2）在职员工的培训，则可以按培训者的工作能力、经验为标准来决定培训期限的长短。培训时间的选定以尽可能不影响工作为宜（1分）。

中式烹调师（高级技师）理论知识试卷参考答案

一、名词解释

1. 菜肴创新：是指将新的烹饪生产要素（原料、技法等）（1分）和生产条件（人员、设备等）相结合，产生新的菜肴的过程（1分）。
2. 盘饰：是指菜肴制作完毕装盘时（1分），用适当的原料加以点缀，以起到美化菜肴的作用（1分）。
3. 厨房计划：是指为实现厨房预订的目标，对未来行动进行规划和安排的过程（2分）。
4. 非正式组织：既没有正式结构，也不是由组织确定的联盟（1分），目的为了满足人们交往需要而在工作环境中自然形成的组织（1分）。
5. 研究性指导法：是指在教师的指导下，学员从实践中选择并确定研究专题（1分），用类似科学研究的方法如通过阅读、观察、实验、思考、讨论等途径去独立研究，主动地获取知识、应用知识、解决问题的指导方法（1分）。
6. 普惠性原则：是指在烹调技能竞赛规则制订过程中（1分），注重竞赛规程能够激励绝大多数符合条件的选手参与比赛的功能（1分）。

二、单项选择题

7. D	8. C	9. B	10. A	11. D	12. B	13. C	14. B	15. B	16. A
17. D	18. A	19. C	20. A	21. D	22. C	23. C	24. D	25. B	26. C

三、填空题

27. 料形、加热方法。
28. 通用名、商品名。
29. 菜点结合、古今结合。
30. 组织内部、信息交流。
31. 检查、偏差。
32. 卫生消毒、低温环境。
33. 责任、决策权。
34. 培训项目、整体要求。
35. 重点、难点。
36. 事实、事件。

四、图表题

37. 制作大型厨房的组织结构图。

答：

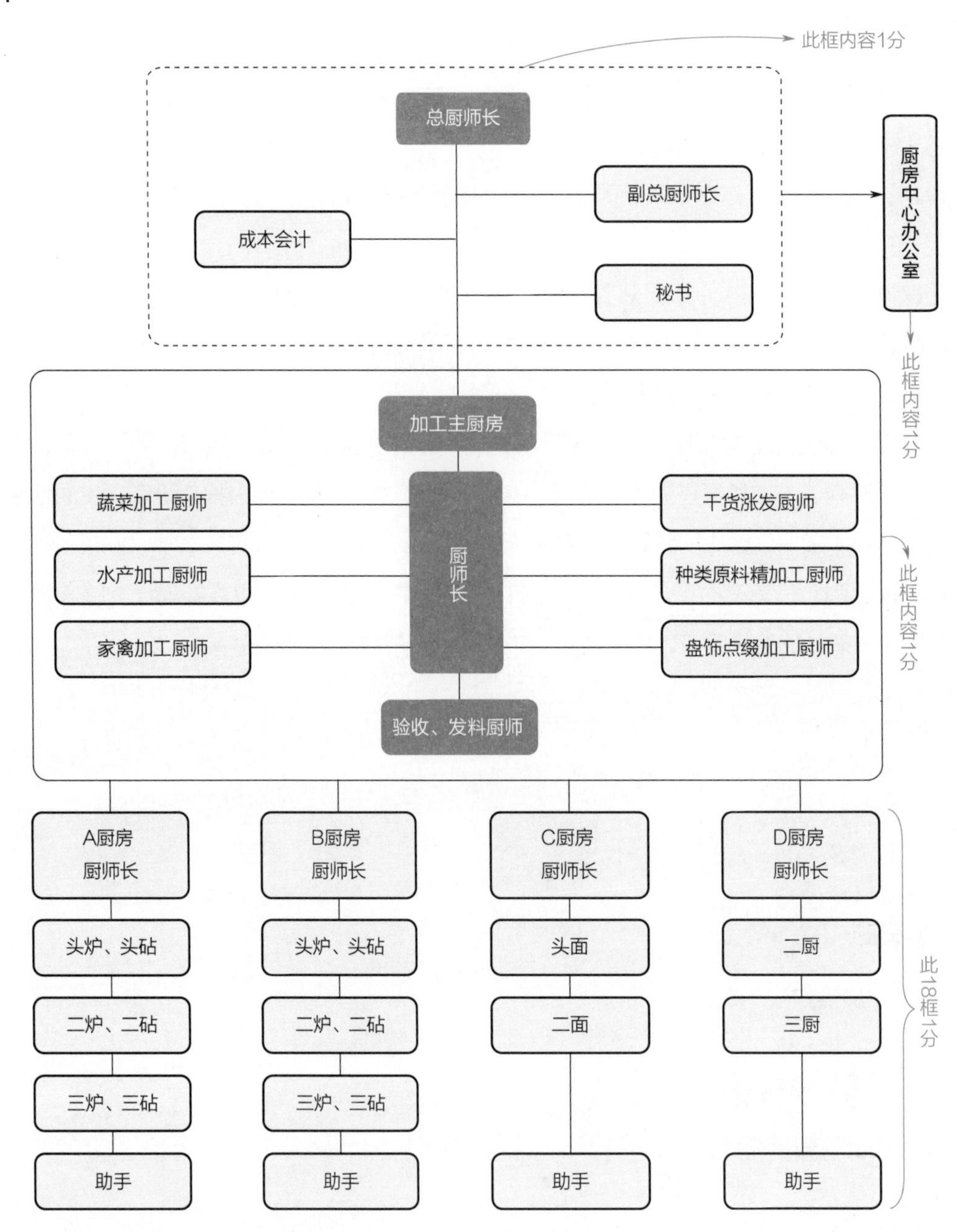

38. 制作项目指导法中教师的工作计划图。

答：每步1分，四步满分。

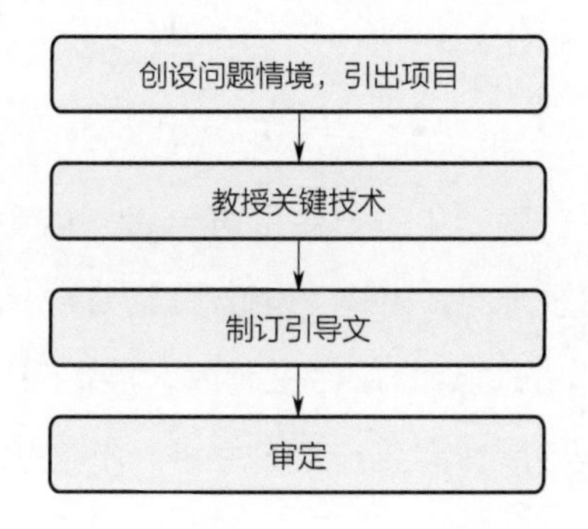

五、简答题

39. 简述菜肴创新的意义。

答：一是烹饪发展和传承的需要，餐饮没有创新，烹饪技艺和饮食文化则难以传承，中国烹饪则难以发展（1分），因此没有创新的餐饮只会走向死胡同，只有不断地创新，餐饮才会彰显其生命力（1分）。二是可以满足食客对美味的追求，满足人们的求新求变心理（1分）。三是可以提高或改善菜肴的营养结构，满足人们的营养需求（1分）。当今社会已由温饱型逐步向营养型社会过渡，人们需要的是健康营养的食品，而不再是简单的充饥食物，而创新菜肴可以融入更多的营养设计，满足人们的营养需求（1分）。

40. 简述创新菜肴的开发流程。

答：创新菜肴开发流程：设计（表格）（0.5分）—材料选择（0.5分）—工艺过程编制（0.5分）—新菜试制（0.5分）—内部评价（0.5分）—菜肴改进（0.5分）—送尝试销（0.5分）—反馈意见收集（0.5分）—复改定型（0.5分）—市场推广（0.5分）。

41. 简述厨房布局的类型。

答：1）L形布局。

2）直线形布局。

3）平行形布局。

4）U形布局（每点1分，答全给5分）。

42. 简述中式烹调技能规程中竞赛办法所涉及的内容。

答：1）确定比赛所采取的竞赛方法（1分）。

2）具体的编排原则和方法（1分）。

3）确定名次及计分办法（1分）。

4）对参赛选手（队）违反规定的处罚方法（如弃权等）（1分）。

5）规定比赛使用的器材、设备、原料等，以及比赛服装、号码等（1分）。

六、综合题（每小题10分，共30分）

43. 论述主题展台的设计步骤。

答：1）确定展示主题（1分）。确定主题是主题展台设计的第一步。展台的主题一旦确定了，其菜肴设计也就有了方向，明确了设计思路，技术路线也随之确定（1分）。

2）了解展示位置（1分）。在确定了展台主题后，接下来就需要了解摆放主题展台的位置（场所、场地），因为展台需要一定的空间，才能有的放矢，后续的构思，确定展台的形式、形状、大小、高低等，才不会徒劳（1分）。

3）精心构思布局（1分）。主题展台是一种供人欣赏、展示菜肴制作技艺及体现制作者综合美学素养和事务组织能力的烹饪艺术。主题展台的构思首先要在充分突出主题的前提下，立足于美的追求和艺术表现。构思的内容包括：展台的形式；展台的形状；展台的大小；展台的高低；题材的选择；作品的数量和大小等（1分）。

4）单元作品制作（1分）。在单元作品的制作过程中，首先根据构思的内容有目的地选择原料的品种、部位、大小、质地、色泽等符合制作要求的原料，然后制作，如果需要，还要对单元作品进行适当地修饰点缀（1分）。

5）台面装饰美化（1分）。本环节就是在单元作品之间、层面与层面之间或展台的某个部位放置（或安插）相应的花草（或符合主题的修饰物品），或者为了充分展示展台效果布置好需要的灯光等（1分）（5点每点得1分，每点适当展开论述得1分）。

44. 论述菜肴质量控制中阶段流程控制法。

答：厨房生产运转，从原料进货到菜肴销售，可分为原材料采购储存、菜肴生产加工和菜肴消费三个阶段。加强对每一个阶段的质量控制，可保证菜肴生产全过程的质量。（1分）

（1）原料采购储存阶段控制

1）严格按照采购规格书采购各类原料（1分）。

2）细致验收，保证进货质量（1分）。

3）加强储存原料管理（1分）。

（2）菜肴生产加工阶段控制

1）菜肴加工是菜肴生产的第一个环节，要严格按计划领料，并检查各类原料的质量，确认可靠才能加工生产。应当对各类浆、糊的调制建立标准，避免因人而异、盲目操作（1分）。

2）配份是决定菜肴原料组成及分量的关键（1分）。

3）烹调是菜肴从原料到成品的成熟环节，决定着菜肴的色泽、风味和质地等（1分）。

（3）菜肴消费阶段控制

菜肴由厨房烹制完成后交由餐厅出品，这里有两个环节容易出差错，须加以控制：

一是备餐服务；二是餐厅上菜服务（1分）。

1）备餐要为菜肴配齐相应的作料、食用器具及用品（1分）。

2）服务员上菜服务

生产阶段的产品质量检查，重点是根据生产过程，抓好生产制作检查、成菜出品检查和服务销售检查三个方面（1分）。

45. 论述烹饪技能竞赛中热菜的现场评判标准。

答：热菜现场操作评判标准

1）切配加工过程：操作规范有序，刀工娴熟、刀法准确、原材料使用合理、废弃物处理妥当，没有浪费现象（2分）。

2）烹调制作过程：操作程序合理、勺功熟练利索、调味准确快捷、烹调方法运用正确（2分）。

3）原料存放安全卫生，炊具、餐具、用具、器皿干净卫生（2分）。

4）操作现场干净、整洁、有序，个人卫生符合要求，并能注意安全和节能减耗（2分）。

5）遵守赛场纪律和规定，按时独立完成作品制作（2分）。

参考文献

[1] 周晓燕. 烹调工艺学 [M]. 北京：中国纺织出版社，2008.

[2] 周晓燕. 烹调工艺学 [M]. 北京：中国纺织出版社，2017.

[3] 中国烹饪协会，日本中国料理协会. 中国烹调技法集成 [M]. 上海：上海辞书出版社，2004.

[4] 陈苏华. 中国烹饪工艺学 [M]. 上海：上海文化出版社，2006.

[5] 赵廉. 烹饪原料学 [M]. 北京：中国纺织出版社，2008.

[6] 中国烹饪协会. 注册中国烹饪大师名师培训教程 [M]. 北京：中国轻工业出版社，2017.

[7] 张建军，陈正荣. 饭店厨房的设计和运作 [M]. 北京：中国轻工业出版社，2006.

[8] 丁应林. 宴会设计与管理 [M]. 北京：中国纺织出版社，2008.

[9] 季鸿崑. 烹饪学基本原理 [M]. 北京：中国轻工业出版社，2016.

[10] 张传军. 烹饪专业教学论 [M]. 北京：科学出版社，2017.

[11] 周晓燕. 烹饪工艺过程教学法 [M]. 北京：中国纺织出版社，2017.

[12] 优才教育研究院. 教师必备的11项基本素质 [M]. 成都：电子科技大学出版社，2013.

[13] 史文生. 职业教育技能竞赛研究 [M]. 郑州：河南大学出版社，2010.